手绘剑桥大学建筑

——剑桥校训和大学精神

余 工◎图　赵鑫珊◎文

文汇出版社

图书在版编目（CIP）数据

手绘剑桥大学建筑 / 余工图；赵鑫珊文. — 上海：
文汇出版社，2013.5
　ISBN 978-7-5496-0878-2

Ⅰ.①手… Ⅱ.①余… ②赵… Ⅲ.①建筑艺术—
绘画—作品集—中国—现代 ②剑桥大学—概况
Ⅳ.①TU-881.2 ②G649.561.8

　中国版本图书馆CIP数据核字（2013）第085575号

手绘剑桥大学建筑——剑桥校训和大学精神

著　　者 / 余　工　赵鑫珊
责任编辑 / 甘　棠
装帧设计 / 周夏萍

出版发行 / 文汇出版社
　　　　　上海市威海路755号
　　　　　（邮政编码200041）
经　　销 / 全国新华书店
排　　版 / 南京展望文化发展有限公司
印刷装订 / 江苏省启东市人民印刷有限公司
版　　次 / 2013年5月第1版
印　　次 / 2013年5月第1次印刷
开　　本 / 890×1240　1/16
字　　数 / 250千（图185幅）
印　　张 / 16
印　　数 / 1-5000

ISBN 978-7-5496-0878-2
定　　价 / 35.00元

图：2007年余工（右）同赵鑫珊（戴眼镜者）在
奥地利阿尔卑斯山踏察乡村建筑后交流感觉印象。

目录 Contents

剑桥大学校训

"此地乃启蒙之所，智慧之源。"

这句格言大训说得很中肯，很到位，气魄也大。

本书稿的主脑是试图通过剑桥大学的手绘校舍建筑（写生）对其校训作些解读。

一个具有世界（东西方）眼光的21世纪中国人去解读这句校训，启蒙应是对"天文地文人文神文"的觉醒。该"四文"结构命题首次由我国成书于东汉的道家经典《太平经》提出。

那么，什么叫智慧？智慧指什么？

当是"四文"的继承和主题变奏：

"天道地道人道神道。"

于是我把中国传统哲学命题"四文"或"四道"元素加盟进了剑桥大学校训，是我多年从事东西方比较哲学研究的一点心得。

这样，本书两位作者和广大读者便一块被拔高了，提升了！

本来，我写作的基本动机是通过余工的手绘建筑艺术把剑桥校园建筑的独特美朗诵出来，揭示出来。他的线条有"咫尺万里之势"，因为从中透露出来的是剑桥大学精神。

我的功课是借助于方块汉字把下列三者捏成一团：

剑桥校训和精神；好几百年校园建筑诗对学子心胸和气质的塑造；余工线条之诗的独有表达力。没有手绘这最后环节，便没有前面两个。

最后我想说：智慧（Wisdom）高于知识(Knowlege)。

图：剑桥基督圣体学院。

门前有株繁茂的古老树，余工的线条语言好像在朗诵："The Truth Will Make You Free!"（真理会使人自由），自《圣经》。

剑桥大学认为，真理即智慧。

剑桥伟人也是神的代言人。《圣经》又说：

"Heaven and Earth will Pass away，but my Words will not Pass away."（天地会消逝，但我的话语却会长存）

图: 剑桥圣约翰学院一条
小街。

画家余工用他的黑白
线条隐隐约约朗诵出了
一 段《圣 经》(箴 言, 即
Proverbs):

"智慧在街市上呼喊;
在广场扬起她的声音。"

"Wisdom cries out in
the street; in the squares
she raises her voice."

其实, 在剑桥的校训里还
有一句言外之意:

敬畏上帝是智慧的开端。

卷首语

1. 今天，为了走近、把握和吃透剑桥大学校训或剑桥精神，我打算把中国传统哲学最高智慧"四文"或"四道"结构作为参考系放进本书稿。这不仅合情合理，也符合"逻辑与存在"（Logic and Existence）这条最高原理。

2. 余工和我都对英国剑桥大学传统精神心怀敬意，所以才走到一起，决心用"二重唱"试着通过"图文并茂"的方式去朗诵、歌颂剑桥现象，应会感神，神超理得，何以加焉？

3. 当代数码相机再先进，像素达到上千万，拍摄的画面如何如何清晰、细腻和逼真，毕竟是机器的干活。它无法代替心灵手巧、灵感附身、有神到场的手绘建筑艺术语言，更不用说挤掉它！

哦，最后的柯达！

但决不会出现最后的手绘建筑或建筑写生！

2012年1月19日，美国柯达公司正式提出破产保护申请。那么，是谁杀死了传统的柯达相机？它的出现改变了摄影史，让摄影不再是贵族身份的符号，而成了千万人记录日常生活的工具。

那么是谁杀死了传统相机柯达？

发明全世界第一台数码相机的正是柯达！——这是具有讽刺意味的。

不错，今天数码相机的出现又一次改变了摄影史，也改变了世界感光材料市场。2005年6月，彩色胶卷的发明者德国"爱克发"胶卷公司宣布破产！

破产是个无可奈何花落去的悲剧，也叫我惆怅不已。——因为在我的血管里，流动着"喜新恋旧"的DNA。2006年1月，柯尼卡美能达宣布停止生产所有相机和胶卷；尼康表示停产几乎所有的胶卷相机。我就拥有两台，跟随我多年。

那么，将来有一天手绘建筑或建筑写生也会宣布"停止活动"吗？

汽车、电梯……再便捷、普及，将来也不可能代替双腿走路吧？可见，手绘是人性的基本。双腿不会走路的人，还是人吗？

余工手绘建筑艺术的黑白线条和光影编织，营造的是"空筐"结构。它比一切数码相机的现实世界真实性有着不可比肩的艺术真实性。

可见，我有充分理由拒绝用方块汉字去配合摄影图片写写剑桥大学的校园建筑，相机摄影无法揭示并解读它的校训和大学精神。

4. 余工对剑桥一砖一石，一草一木的一往情深和赞美不是用普通的方块汉字，而是用他笔下独一无二的黑白线条语言：

图: 当代先进、新型的相机（比如Olympus 或Canon ），不管它拥有多少百万或上千万像素表现力，画面多么高清晰，有再多的镜头可供选择，并可以有效抵抗下雨、下雪、风沙的全候（ All-Weather ）机 身，都无法代替手绘建筑艺术，更不用说挤掉它！佳能看到的世界（ The World as Canon See It ）不管它多么逼真也无法代替手绘建筑艺术王国。机器包的水饺能挤掉手工包的？牛奶、羊奶能完全挤掉、代替母亲的奶汁？

简洁、飘逸和潇洒,且空灵,弥漫着灵气和诗意。

从中我仿佛看到了一张疏而不漏的大网,企图把建筑世界一网打尽。

我好像听到余工用喃喃的口吻说出一句豪言壮语:

"给我线条,我便能把世界建筑或建筑世界统统画下来!"

这便是手绘建筑艺术家的魄力和魅力。余工做到了。

5. 画家是个大家族。

油画家、水彩画家、中国水墨画家、版画家、漫画家和手绘建筑画家……都是家族成员。他们都有古希腊力学鼻祖阿基米得式的胸怀:

给我一个支点和一根足够长的杠杆,我便能移动地球!

6. 手绘建筑艺术是人工语言符号系统。它比剑桥大学上百栋真实、实实在在的建筑要高级。因为符号世界高于现实世界,恰如C=2πR这个初中课本里的圆周长公式要高于现实世界无数个圆:

硬币、咖啡杯、扣子、锅盖、小石子抛入池塘形成一个个水圈、汽车轮子……

C=2πR是纯粹数学的圆,是圆中圆,它身上有种神性。

好几百年,以英国剑桥为首的西方高等学府的大学精神,正是推崇、敬畏这种神性。否则,电脑、电视和手机便出不来。

7. "十年文革"我在辽西海边放羊六年(1969—1975)。农业电影制片厂的美编刘文涛毕业于中央美院。我们下放在一起。假日他面对大海画了多幅油画。他送给我一幅习作(约28 cm×19 cm)。我激赏他用白颜料巧妙地构成了海浪浪花,给我的感觉印象比我天天站在崖岸边看到的真实海浪还要真实!

这便是艺术的真高于现实世界的真。对此,我百思不得其解,并为之惊叹!

我把刘文涛的《海洋风景》小油画挂在我的牧人小土屋的墙壁上,早上出门放牧,总要看上几眼。

绘画艺术美高于现实世界美是个艺术哲学的最后秘密。它是无法解密的。因为它涉及人脑的秘密。

绘画艺术美在于其风韵和情致,即韵、秀、高、神。

余工的手绘建筑艺术世界也有这等风骨、骨气。本质上,余工是位线条诗人。"诗人感物,联类不穷。"

他作画是眉睫之前,卷舒风云之色;神居胸臆,神与物游。

余工手绘建筑艺术的特点是:他并不追求外形和细部的真实,重要的是把决定外形的内在精神和建筑形象的整体凸显了出来。这精神便包含了剑桥大学校训和传统精神。

余工的手绘建筑生动体现了我国经典《淮南子》的这样两句:"慷慨遗物";"游乎心手众虚之间"。

这也是他的手绘魅力之所在。

剑桥大学的师生约有上万,加上遍布世界各地的历年校友以及慕名而来的"朝圣者"估计每年有数百万。其中有些人会把余工的手绘作品买回家,挂在家中的墙壁上,就像当年我把那幅海洋风景挂在牧人小屋,而相距仅三百米便是渤海湾。一幅小小的油画何以能同真实海洋风景一争高低? 由此可见绘画的力量!

"我的志气是让剑桥人买我的手绘剑桥,因为它有收藏价值。剑桥有专卖书店,我们的图文并茂的书一定要打进书店去,"余工刚从英国回到庐山手绘艺术特训营便这样对我说,时2012

年8月初。

8. 本书稿的总体布局、设计和安排如下：

图片为主角，为《天鹅湖》的天鹅；文字为配角，为背景，为解说。双方合作，都是为了凸显剑桥大学校训和大学精神。本质上，它是一株三百年的大橡树：

根，深深扎在剑河岸边的地下，

叶，相触在朵朵飘浮的白云里。

9. 剑桥校舍（包括20多座大小教堂），融多种典雅建筑风格为一炉，坐销芳草气，空度明月辉，通过线条诗人余工笔下的光与影，显得更叫人情灵摇荡，营构了一个独特、秀雅和壮丽的"海贝壳"。

我的功课是努力用方块汉字编织成一颗类似于"珍珠"样的东西塞进"壳内"。

这样一种东西必须是闪闪发光的，或叫珠光宝气，而且尽量能个头大些，配得上那高贵的"壳"，同"壳"相般配、相称，"门当户对"。

我知道，这很难。我只能把剑桥校训和大学精神放入其中。关键是我如何用汉字阐述校训和大学精神，并传达给广大读者。我既要对得起剑桥的建筑，又要不辜负余工的画。

10. 一个国家的最高学府——大学——精神，当是这个民族精神的最高体现，也是时代精神的浓缩或最强音。

我国的书院精神是农耕文明精神的浓缩；16—21世纪剑桥大学精神则是盎格鲁撒克逊民族精神的最高体现。今天的剑桥精神还在延续、高扬，有秀有隐，感荡心灵。

11. 德国古典美学有个重要命题说：建筑是凝固的音乐。

我试图用该命题去走近、把握剑桥大学建筑艺术是恰当的，到位的。

这乐音营造的剑桥校园气候有助于培育出像牛顿和达尔文这样的天才。这是不用怀疑的。

余工和我，力争把这一点揭示在广大读者面前才是本书的立意和主旋律。

12. 剑桥大学精神是个多面体。其中一个重要面是"自由"的学术氛围：在上帝、在真理、在诗神面前，人人平等，不论你是院士，还是研究生。教授和学生沿着剑河漫步在林中小道，相互谈心，交流思想、观念，无拘无束，是剑桥出奇制胜的法宝之一。

六十多年来，这是我国北大、清华、复旦、南开同剑桥、牛津、哈佛重大差距之一。

对此，我有深切体会。因为我亲身经历过（1955—1961）。学术上的约束或思想设禁区等于戴着手铐脚镣做自由体操。

从中我们能指望出个诺贝尔奖金得主？当然，今天比改革开放前的气候要好得多。

2012年8月12日余工同我在上海思南公馆Costa咖啡屋神聊剑桥多家咖啡馆的氛围和气候。他说，许多学生、研究生在那里做功课，做青春的梦：

各有各的白日梦（Day-Dream），飘忽，幽远，渺远，迷远。它一旦回到现实世界，往往是个高于现实的天国。自我梦境比外部世界更丰富，多彩多姿。

牛顿开拓出的好几片新天地难道不是这样诞生的吗？

剑桥是个做日梦的好地方。余工特别欣赏剑桥校园的泥土芳香，能长出那么茂盛的树木和花草：

细雨暮钟见花落，云随剑河静静流，思悠悠……

13. 有人建议余工用色彩把黑白线条换下来，他没有采纳。那天他在咖啡屋对我说：

"黑白更基本。我集中力量用黑白线条描述我所看到的剑桥校园建筑。"

图：剑桥王家（国王）学院之门，有种气势弥漫，这便是雄奇骏伟。应该承认，风格浮艳、轻薄的建筑对人产生的伦理功能与庄重、严正的风格对人的巍然而自由的影响是截然地不同。

画家用线条营构的门为"非象之象"：

"和而出者乐之情，虚而应者物之声。"

这也是唐代吕温（772—811）的音乐美学理论：

"塞云谷而响绝，疏天籁而音逸。"

于是剑桥校训和大学精神便隐隐然回荡于耳际……余工的目的便达到了。

图: 剑桥大学潘布鲁克学院教堂。

它的高高尖顶,刺破蓝天白云,尤其是在月下剑河静,校园人语稀的时候,那仿佛是一个无声的命令句:

年轻一代剑桥学子,务必要勇于踏着导师的尸体前进。先辈不敢言,我则言之;前辈不敢道,我则道之!但勇敢和立志,不是狂妄。先学会站在导师们的双肩上,之后才能像牛顿那样看得比前辈更远些。

从尖屋顶发出的命令句才是雅颂之声,学子们听了才会志得意广。按照我的解释,余工笔下教堂十字架还是基督教世界秩序的符号化。

剑桥校园建筑 (尤其是大小教堂) 最凸显的特点便是一个汉字: 和

我国古典美学有个术语或概念,每易被人忽视: 气候。(不是指刮风下雨、冷热的气候)

我用"气候"来刻画大学建筑艺术对学子的长年熏陶、感化,直至人心通造化。剑桥校园建筑的极至是富有"太和之气",故能养育师生的性情:

肃其气,澄其心,远其神;或幽而致远,节其气候,因气候制宜,深于气候,故与"天文地文人文神"相通,与"天道地道人道神道"相合。

余工用线条朗诵的校园建筑在我的心耳、神耳听来有四音: 正雅之音、古淡之音、太和之音、壮丽之音。

我同意余工的见解。他的手绘是两种方法的集合：

a. 透视学的几何（数学）原理；

b. 光影之中的魅力。

余工本人特别强调"光影之中"这四个汉字。我赞成黑白更基本，也更高级。因为白光是由各种颜色（色光）复合而成的。——这是剑桥学子牛顿的发现。

今天有些著名的摄影师仍然坚持用黑白胶卷。早年的黑白电影依旧保有它的独特价值。

可以说，今天用黑白营造的"光影之中"的剑桥是对牛顿母校最合适的绘画语言，而不是油画。

14. "剑桥"是个独特的"文本"（Text）。21世纪的中国人理应用自己的眼光去解读剑桥。余工用了黑白"光影"去手绘剑桥古老的建筑艺术，的确是个别具一格的角度。这个与众不同的视角也带动了我。我只能紧跟，做个称职的"配角"。

余工的绘画给了我一次解读剑桥"文本"的难得机会。

我努力把我的视界同余工的视界重叠在一起，营造出一个新视界。

15. 西方建筑哲学和建筑心理学有个重要命题：

Architecture Organizes and Structures Space for Our Soul.

我试着把它译成中文：建筑组织了、构筑了我们的灵魂空间。

这个命题很能帮助我走近、把握剑桥校舍的建筑世界。在这里，"我们的灵魂"是指剑桥大学校训和大学精神。——这是余工和我朗诵的主旋律。

16. 剑桥大学建筑将"天地人神"（天道地道人道神道）诗意地聚集在了一起。简言之，这便是神性。

一切艺术在本质上都是诗。

若是没有神性和诗意的校园建筑（包括河上的"数学桥"），剑桥何以能成为剑桥？

它的建筑群在"大地上"，也就是在"天空下"。——大地和天空是两个最基本的空间。剑桥大学因拥有自己的精神才有资格立足于这个永恒的区间。

余工的手绘成就，是看他把剑桥的神性和诗意表达了多少，朗诵出了多少？他的线条本身便是诗，有自身独立的价值。每幅画都可以构成一个独立的"自我王国"。

图：剑桥小街，2012年3月10日。

书中手绘剑桥几乎全是余工在2012年上半年完成的，可见他的创作热情和沉醉。

"面对剑桥手绘——建筑写生——是很过把瘾的事，"那天余工坐在咖啡屋对我如是说。

一个人能找到一样叫自己兴奋、骨惊神悚、为之献身的事，便叫幸福。剑桥大学的精神不正是这样吗？本质上，这是宗教精神。图片中的"剑桥小街"及其两边古老建筑场域弥漫着一种安宁、和谐气候。

Cambridge Street.
余工 剑桥 2012.3.10

图: 贡维尔与凯斯学院。

请注意四处:

1. 左边屋顶造型艺术令人目悦、耳悦、心悦和神悦。其中耳悦为声近徐而闻远。

2. 右边有古希腊罗马柱式。它是剑桥大学建筑的源头。其实西方近现代文明均源自古希腊罗马文明。

3. 立柱式的古老街灯这个富有韵味的细节,我很欣赏。

4. 有位骑自行车者穿过街道。

余工用他的会说话的线条把眼前的一切——网罗、涵盖,并以画面的风气韵度取胜。他用黑白线条表述了光影之中的剑桥。我认为这是余工的得意之作。因为他在图画左下角写下了"光影之中"这四个汉字。这是手绘建筑最高艺术境界。

图: 从另一角度审美
剑桥小街的建筑空间场
域。线条浓淡、粗细有
致,合度,音韵从中而
出。这里有建筑场域的
韵律及其律动和营造的
气候。

手绘建筑线条语言的
要害是"省字约文,事溢
于言外"。这事正是揭示
剑桥大学精神或校训。

这幅手绘,凸显了
"光影之中"的剑桥学术
历史的厚重,为我击节
称赞!

剑桥的校训和大学精
神在"光影之中"若隐若
现地透露出来。我又一
次想起 Law and Order
的两个层面。包容两个
层面的Law and Order
(法则和秩序;法律和秩
序)才是剑桥的气度和
胸怀,也是剑桥的上帝。

图: 剑桥一座教堂建筑内部。

剑桥学院多有属于自己的教堂和牧师, 关注师生的灵魂安宁或灵有寄, 魂有托是教堂林立的深层原因。

这才是西方著名大学精神的核心。它事关重大。

剑桥师生诚心默祷是在倾听 "造物主-上帝" (The Creator-God) 的隐喻和暗示。这里有 "宇宙宗教心理学", 不是迷信, 是剑桥的智信。

图: 圣约翰学院教堂内部空间。

如果把所有教堂铲除、推平, 剑桥大学还能剩多少?

本质上, 不是上帝造了人, 而是人造了上帝。人类的逻辑(*Human Logic*)需要上帝。作为最高学府, 剑桥大学需要上帝, 就像远洋航船需要罗盘和灯塔。

有教堂和信仰的剑桥才不是无根的浮萍, 才能贡献牛顿和许多大科学家。

St. John's college.
The church.

图: 教堂内部。

剑桥许多座教堂的内外同英国各地其他教堂并没有什么异样, 只是来这里祈祷的人们是院士、教授、研究生和大学生。

他们在追寻智信, 而不是迷信。苍天久旱不雨, 全村乡民跪地求老天爷发大慈悲心降雨, 纯属迷信。

剑桥大学师生的智信有别于迷信。他们在科学实验室和教堂同时追求信仰并不矛盾, 而是两者互补、协调。

图: 画家余工笔下剑桥建筑风景。

他的线条会朗诵, 会对你述说, 讲有关剑桥的历史, 过去→现在→将来……

这条链接要落实到大小建筑场域, 否则, 剑桥大学的一切一切便会落空。

可见, 建筑场域既是硬件, 也是软件。剑桥大学的建筑空间场域是个大空筐, 好几百年的大事件便发生在筐内。

这些大事件有力参与塑造了近现代世界文明的格式, 包括你的多功能手机和手提电脑。

余工手绘艺术的魅力在于他的阴影透视。他笔下的日光阴影落地对我们的视觉有种冲击力。

The window hands over the scene of
Pembroke college. CAMBRIGE.

图: 剑桥的每栋屋几乎都是近乎于建筑抒情诗, 故能打动线条诗人余工。因为只有诗才能被诗赏识、赞美。

余工的线条简约, 拒绝累句, 使欣赏者望表而知里, 扣毛而辨骨, 睹一事于句中, 反三隅于字外。这恰恰是手绘远高于摄影之处。我的汉字衬托这样的手绘建筑艺术只是一个玻璃彩球落进了一个由金丝线编织的网袋里。

我的努力方向是把汉字提炼为一个银质苹果 (从视角下功夫, 而不是从文字上)。只有这样, 才能同余工的金线网袋相得益彰, 为黄金搭档。我只有调动我多年的积累。因为剑桥大学校训和精神涉及面广且深。

图: 第三次同余工精诚合作写好这本书是又一回在拔高我。

他的百幅建筑写生言近而旨远, 辞浅而义深, 怎不是营养我、提升我?

他的线条含精万里, 标拔志气, 有抒发情感、美育心灵的功用。这样的精妙绝笔才配得上剑桥校训和精神。

我被他的会说话的手绘打动, 我深信千万剑桥人和造访者也会被感动。因为人同此心, 心同此理。余工的线条语言虽简略, 理皆要害, 故能疏而不遗, 俭而无缺。——这才是艺术的极至!

图: 圣约翰学院圣约翰大街建筑丽景。

画家用细腻、优美的线条之诗把隐性大学校训和精神表述了出来。

其一笔一画, 意态纵横; 音韵妙迹, 用思沉郁; 幽若深远, 焕若神明。——建筑写生能达到此等境界, 可以瞑目去死!

余工去年抱了孙子, 喜出望外; 加上他的手绘建筑艺术成就, 精熟神妙, 率意超旷, 怎不可以去死呢? 人的一生成就若是达到了死而无憾的地步, 还要求什么?

明代哲人王阳明在临终前说:"此心光明, 夫复何求?"这是哲学、艺术和科学创作的极至。这也是剑桥大学的传统精神。余工和我, 都看重它, 这是我们的共识。

St. Johns College cambridge.

本书的缘起

余工和我，不想罗列资料（余工客居伦敦，他有这个方便条件）写本泛泛介绍剑桥的纸质书。我们的共识是通过上百幅手绘剑桥校舍这个每易被人忽视的角度去揭示大学校训或精神与大学校舍建筑场域之间的微妙关联。

——2012.8.18

我们确信，这种关联是存在的。

假设剑桥大学的校舍（大小建筑）全是印第安人的传统帐篷或非洲部落的泥巴屋；或者是巴西里约贫民窟脏乱差的建筑场域，从中照样会走出培根、牛顿、麦克斯韦和达尔文以及数十位诺贝尔奖金获得者？

余工是我的老朋友。多年前他创建了著名的庐山手绘艺术特训营。2012年8月，我面对该营4 500名学员（来自全国艺术院校）讲课，题目是"哲学是舵，艺术是帆"。课后，刚从伦敦回国讲课的余工同我聊起剑桥大学的传统和西方的大学精神。我们都对剑桥心向往之。

他兴奋地向我展示了他最近创作的好几百幅手绘剑桥建筑的作品。基于我们的共识，我们决定再次携手合作，打算出版"手绘世界著名大学建筑系列"，"剑桥"是打头第一本。

先前我们有过两次愉快的合作：

1.《手绘欧洲建筑之旅——建筑语言符号论》，余工（图），赵鑫珊（文），江西人民出版社，2009年。2007年我和以余工为首的一群手绘建筑艺术家踏察了欧洲四国，此书为这次艺术之旅的心得。

2.《上海世博建筑对万众视觉的冲击——世界建筑水彩手绘作品欣赏》，余工等人绘画，赵鑫珊撰文，2010年，文汇出版社。

这回是余工和我的第三次合作。我们的共识是：

有了网络系统，几乎有了全世界图书馆的资料宝库，包括应有尽有的图片，但无法挤掉传统的手绘语言，让它退出历史舞台。手绘（建筑写生）抒发性灵（Spirit）多，创意多，艺术含量更多。

"一轩傍水看云起，万木无声待雨来。"

剑桥大学校训和精神只有通过这种萦回崖谷、任于造化的风骨、气魄或气候才能若隐若现地披露出来。

我们努力，既用言，也用象。牛顿指点或暗示我们，既用几何，又用代数。——两条腿走路，走在"朝圣"的路上。

子曰："书不尽言，言不尽意。"

又说："圣人立象以尽意。"

此处"象"为图形符号。手绘建筑便是其一。

天文地文人文神文·大学精神·大学建筑

——我们眼中的英国剑桥大学（序）

英国剑桥很能代表西方大学精神。因为培根、牛顿和达尔文便是从剑桥的校舍建筑空间走出来，走向世界，推动人类文明之旅的。

没有那里的独特校舍空间接纳和安顿，剑桥好几代的精英便无法生成。那里的建筑场域以一种神秘的语言滋养、熏陶和潜移默化了一批伟人。

——2012年8月

当然，我们不能夸大，但也不能缩小这种潜移默化、熏陶和滋养的功能。人的成长不能摆脱他所生存的建筑场域。应该承认，18—19世纪，即狄更斯的时代，伦敦、巴黎贫民窟的建筑环境场域或气候就容易滋生道德败坏和犯罪。

恩格斯在《英国工人阶级状况》一书中生动、具体地揭示了丑恶的建筑（住宅）环境场（Field）对人的灵魂和精神世界的负面影响。联系到好几百年剑桥大学的校舍建筑（包括教堂）场域符号语言系统对一批伟人的感染和露润，并在暗中长年累月参与了规矩其形，律吕其度，我们（余工和我）才确信：

大学校舍建筑场域与大学精神有某种神秘的、潜在的因果关联。——这种视角是余工和我的立意或主脑。于是才有了读者手中这部书稿。

一、我国古代书院精神与西方大学精神

我想到将东西方这两种精神作些比较。真理是从比较中产生出来的。

我国传统的书院精神与其容器（建筑场域）是否有某种隐性的因果关联？明末清初意大利传教士利玛窦到过南昌。在多次信中他提到：

"南昌附近的庐山有一座闻名的白鹿书院，是研究人生哲学的场所。"

这后一句"是研究人生哲学的场所"把书院精神点到了要害或穴位。

白鹿洞书院在庐山五老峰南麓，傍山而建，一簇楼阁庭院尽在参天古木的掩映之中。2012年8月初，友人余玲玲和蔡老师陪我一道去"朝圣"。它是"海内书院第一"、我国"天下四大书院之首"，首创于976年，比英国牛津大学和剑桥大学分别早189年和233年。其他为岳麓书院、应天府书院和嵩阳书院。

我说过，成书于东汉的道家典籍《太平经》提出过一个每易被后人忽视的"宇宙哲学"命题：

"天文地文人文神文"。

它的气魄和囊括力极广大、深远，正是孟子所宣扬的"我善养吾浩然之气"，把"文"这个汉字广义化了，宇宙哲学化了，非常妙绝。"四文"一体结构，神厉九霄，志凌千载，标举兴会，引发性灵，为人类文明航船之舵。

二、定性的"四文"与定量的"四文"

我国书院精神是定性的"天文地文人文神文"，以剑桥大学为代表的西方大学精神则是定量的"天文地文人文神文。"——这是比较之后我总结出的重要差别。

从剑桥大学共走出了六七十位诺贝尔奖金获得者。此外它还为英国和许多国家培养了治理国家政治秩序（The Political Order）、经济秩序和社会秩序的卓越人才，其中包括印度前总理尼赫鲁、拉吉夫·甘地总理、马来西亚总理拉赫曼和新加坡的李光耀等精英。

剑桥大学在好几百年的英国文化生活中有着特殊地位。论古老，谁能与剑桥比肩？我指的是古色古香的建筑艺术以及今天仍然保留的许多传统的做法。关于大学的"圣三一学院"，在一次晚宴上，法国大使滔滔不绝地谈到法国教育如何如何先进，在座的英国外交大臣则有礼貌地说：

"阁下，你知道，就在这所小小的学院里产生的诺贝尔奖金获得者，比你们整个国家贡献的奖金得主还要多！对吗？"

我承认，对近现代人类文明之旅贡献最大的要数五个国家：英、法、德，以及意大利。美国是欧洲文明的延伸。

在这五个国家的背后，都有大学精神在支撑着。

这是有关"天文地文人文神文"性质的"奥运会"。

很遗憾，这个最伟大的"四文"世界文明结构哲学概念源自我国道家，我国书院只握住了其中"人文"这个环节。（请再次重温利玛窦的那句中肯评语。"人文"的核心正是人生哲学）

相反，以剑桥为代表的西方大学精神则全面握有"四文"整体。我们是残缺的，跛脚的，西方则是比较健全的。我国的"四文"在剑桥有卓越的体现。

原因很复杂，涉及政治、经济、社会诸多因素。也许还有建筑场域（建筑语言符号系统）在暗中起某种潜移默化的作用。

剑桥大学高度重视数学，有推崇、敬畏数学的伟大传统。校园内有座"数学桥"，深深感动了余工，也触及了我的灵魂。

中世纪后期，剑桥有校规，规定学生第一学年须攻读算术和音乐；第二学年攻读几何和透视法；第三学年攻读天文学。

这恰恰是我国书院课程安排的缺陷。

三、剑桥的屋顶艺术

从东西方比较建筑语言符号系统来看，我注意到一个显著差别：

我国书院建筑的屋顶为斜面，剑桥屋顶几何曲线则要丰富得多！剑桥偏爱用尖塔。高高的顶指向蓝天白云，把天地连接在了一起。——这是中世纪欧洲哥特建筑的灵魂。"天文地文人文神文"才成了一个健全的有机整体。余工的手绘艺术审美敏感地抓住了剑桥多彩多姿的屋顶。

剑桥高高的尖屋顶是个绝妙符号：

接接天气，通通地气，串联人文、人道，最后用神文或神道统一起来。——这便是追寻哲学的上帝，蕴蓄着"淡然天和"的宁静。

今天余工笔下的剑桥校园建筑依旧弥漫着这静，这"天地人神"之和谐。从余工的建筑写生中透露出了这和谐，是他的艺术成就，我只有积极配合，应目会心，努力走近他的线条之诗编织的"萧条高寄，远有致思。"

这"高寄"便是剑桥校训中的"启蒙之所"；"致思"则是"智慧之源。"

四、Law and Order

我说过，剑桥大学精神是个多面体，Law and Order 是其中一个重要面。我国的传统哲学"道"、"仁"等概念不也是个多面体吗？后代不断有学者把"道"或"仁"写成专著将它们展开，解读。

Law为定律、规律、法则、法律和规则。

所以Law and Order 有两个层面的涵义：

第一，人间（人类社会）层面，应译成"法律和秩序"。

第二，最高层面，即宇宙（Universal）层面，应译成"法则和秩序"。

比如：

1. Law of Conservation of Energy (能量守恒定律)；

2. Law of Causation（因果律）；

3. Law of Chance（机遇律）。

把上述高低两个层面的"Law and Order"合成一个统一体便是剑桥的最高追求，也是"智慧之源"。在本质上这便是剑桥人所追求的"哲学的上帝"。

从余工的建筑写生画面上隐隐约约透露出来的，正是这两个层面的合而一股。它使我们从一个形象思维的侧面走近了剑桥大学精神，并作了些解读。它同我国的"四文"或"四道"是息息相通的。

图: 在剑桥漫步, 仰观俯察, 最打动人的, 莫过于校舍屋子的尖顶, 它指向"天"。在中国和西方哲学中, "天"都是最高神的符号。

各种尖顶 (即便是高高的烟囱) 有提升、拔高学子心胸和视野的功能。

我国古人说:"著不息者, 天也; 著不动者, 地也; 一动一静者, 天地之间也。"剑桥追求天地、一动一静穿纽, 所以贡献了牛顿等一批伟人。他们是天地的代言人。

余工和我都偏爱尖顶的屋这个有感染力和感召力的建筑符号。

在咖啡屋, 余工明确告诉我, 他偏爱用自己的线条去描绘剑桥高高的尖顶。——这是 "Law and Order" 两个层面的符号: 崇高、庄严和神圣, 也体现了校训的内容。

图: 漫步剑桥, 只要抬头, 便会与神气活现的、各种造型的建筑尖顶不期而遇。

拿掉尖顶, 剑桥建筑艺术还能剩多少?

可见, 剑桥的灵魂是尖顶。作为建筑一个凸显符号, 它是大学精神的凝固。整个剑桥建筑都是一首音诗。我国古人说: 乐者敦和, 率神而从天, 圣人作乐以应天。

牛顿万有引力正是"圣人作乐以应天"的产物。牛顿力学是定量的天地之道。剑桥是牛顿的母校。剑桥的尖屋顶参与了对牛顿心胸的塑造, 这是不用怀疑的。

图: 剑桥, 贡维尔及凯斯学院优美、典雅的尖屋顶。

在本质上, 尖屋顶属于与天地同和的大乐。故就整体艺术而言, 剑桥的校舍建筑场域体现了我国经典的《乐论》:

"大乐与天地同和, 大礼与天地同节。和, 故百物不失; 节, 故祀天祭地。"

这正是"天文地文人文神文", 故剑桥在多个世纪人才辈出, 为塑造近现代人类文明的格调作出了重要贡献, 特别是在自然科学方面。因为剑桥偏重理科。

剑桥
Donville & Cruse
Cambridge. xu 玲
2012.3.10

图: 剑桥, 贡维尔及凯斯学院的屋顶几何造型艺术。余工着眼于"慷慨遗物", "游乎心手众虚之间"的尖顶。这是一个通天的建筑符号。

画家笔下的剑桥尖顶体现了大学精神将"天文地文人文神文"一以贯之的气势和风骨:

"卓然独立, 块然独处, 上通九天, 下贯九野。"

画家的线条为萧条者。然"萧条者, 形之君; 而寂寞者, 音之主也。"

请注意图左余工笔下的树, 疏落几笔, 却充满了生气。这是空灵中透露出的生机。先进的数码相机无法代替、表现余工手绘中的生机。

图: 圣约翰学院教堂尖顶。

画家余工有感于"大树与教堂的结合"才创作了这幅手绘, 时2012年4月16日。

据说, 中世纪英国哥特大教堂的高高尖顶的创作灵感便来自高耸入云的大树。当然, 教堂内的宁静也受到森林中的寂静或肃穆的启迪。

教堂和大树是相互的需要: 没有大树的陪衬, 教堂是孤独的, 单调的; 上帝也厌恶单调和孤独; 没有教堂, 大树则失去了精神依靠和归宿。

剑桥大学的教堂和大树合在一起, 尖屋顶加上树梢, 共同刺破飘浮的白云, 是剑桥大学精神"天文地文人文神文"一个绝妙的符号。很遗憾, 我国书院建筑欠缺这种叫人潜移默化的生动符号, 所以只探讨人生哲学及人与人的关系。

图: 剑桥, 圣约翰学院塔楼几何造型艺术。

从中发出雅、颂之声, 原是剑桥大学"天文地文人文神文"的声音符号。我国古人说:

"听有音之音者聋, 听无音之音者聪, 不聋不聪, 与神明通。"

此处"神明"即"神文", "神道"。

剑桥贡献了几十位诺贝尔奖金获得者是因为他们的精神世界"与神明通"的缘故。——归根到底这是一个很隐蔽的潜在原因。

余工手绘的魅力来源于他掌握了透视变化。

他的光影变化增加了虚幻, 光怪陆离, 取得了变化莫测的视觉效果, 最后增强了艺术感染力。

图: 圣约翰学院街心公园的教堂十字架尖顶。

　　画家再一次"慷慨遗物","游乎心手众虚之间"。他的线条之诗在刻意写神, 即在闻剑桥飞鸟之号, 秋风鸣条, 以迎阴阳八风之声, 定天地八方之音。——这才是剑桥大学精神的音响化。

　　它是借助于剑桥许多屋的各各殊异的尖顶造型艺术符号来达到这种境界的。

图: 剑桥, 贡维尔及凯斯学院的屋顶几何造型艺术的丰富性: 古典, 典丽, 优雅。

　　屋顶有闲居理气, 神畅无阻, 从而达到融其神思。否则, 怎能贡献出诗人弥尔顿和拜伦? 还有著名的"湖畔诗人"华滋沃斯。校舍建筑场域和营造的气候有助于诗人气质的形成。这是毋庸置疑的。

图: 剑桥, 王家（国王）学院（King's College）建筑群一瞥。

画家线条简洁、清丽、潇洒, 营构了望秋云神飞扬、惊春风思浩荡的建筑场域。——这里有"天道地道人道神道"在暗中涌动, 这是剑桥大学精神。

余工和我看重大学校舍建筑群的场域, 因为它是大学精神的载体。丑陋、低级和俗不可耐的校舍怎能收容、安顿和荷载有分量的大学精神?

余工笔下的树很空灵, 妙绝。他对我说, 他也偏爱他的树, 那是一个抽象代数符号, 使人联想起"牛顿的万有代数"。

在本质上, 余工的手绘是符合视觉规律的透视画, 其中包括倾斜透视。到了他手里, 透视学才是得心应手, 处处到位, 得体。

CAMBRIDGE
King's College

图：剑桥有多座学院，每座学院都有带自己个性的建筑，包括塔楼和独特的屋顶。即便是铜灯立雁柱，风自远来寒，也有一团壮怀激烈感萦怀。

不同学院有庄严、古朴、上百年的老式英国建筑，也有式样新颖、有大片玻璃门窗的现代校舍，但处处都弥漫着剑桥大学精神。这才叫：

行"天文地文人文神文"为屋宇，修"天道地道人道神道"为校舍。

屋或舍为"四文"或"四道"的载体。图片为王家（国王）学院。

图: 圣约翰学院后门的卓越铁艺。

左右门柱顶上各有一头雄鹰, 鹰击长空, 使人联想起中国的"四道"结构, 加强了剑桥校园建筑的气度。这对学子肯定会有潜移默化的影响。因为整个建筑的铁艺符号有高情致远的功能。

建筑为"道"的载体。道者, 万物之所以成也。天得之以高, 地得之以藏, 日月得之以恒其光, 圣人得之以成文章。

牛顿、达尔文, 以及从著名卡文迪什实验室走出来的一批杰出自然科学家都受到过剑桥建筑场域"道"的熏陶, 所以才成了惊耀天下的"文章", 为塑造人类文明作出了贡献。

只有优秀的手绘建筑艺术作品才适宜为表述"道"的载体。

图：建于1448年的王后学院（Queen's College）及其屋顶艺术，得到草色河桥落照和泛舟的衬托，风骨之力，成就了手绘笔墨之性。

人人手中的数码相机怎能代替手绘艺术创作?! 怎能做到神心独悟，动天地感鬼神？

每当余工完成了一幅手绘，他便习惯说："好过瘾啊！"——这才是"天道酬劳"。

艺术家有表述人生世界的欲望或冲动。

画中的桥为"数学桥"。

剑桥大学建筑是耐看的，角度不同，景色呈多彩多姿的异色。屋顶造型有诗，古老小桥有诗，这便是杜甫的美学命题"诗应有神助。"

宋代学者严羽把诗的极至列为"入神"，看成是文艺创作的最高境界，说："诗而入神，至矣尽矣！"

这便是神品。余工的黑白线条诗又把这神品推了一把，神味更浓烈，令人沉醉，尤其是当"数学桥"入画时。

图: 修缮中的王后学院及其非常有情调的屋顶几何造型艺术:

老去才难尽, 穷来志益坚。

这才是有好几百年历史的剑桥大学精神所在。

　　剑桥的老屋会说话, 余工本人既是建筑师又是室内装饰艺术家, 所以他能听懂百年老校舍喃喃地述说。他被深深打动, 才拿起手绘线条画笔, 言简意深, 一语胜人千百地将大学精神传达出来……才有了读者手中这本书稿。

　　剑桥三十多座学院, 百年老屋按原样修缮、整治, 修旧如旧, 给人深刻印象。因为古建筑弥漫着剑桥大学校训的音韵和律动。它是有生命的。校训是古建筑的灵魂。余工的线条力图勾勒出这抽象的灵魂。线条看似乱, 却有灵魂在。

图: 露西·卡文迪什学院 (Lucy Cavendish College), 建于1965年, 为学习被推迟、被中断的女子开办, 招收25岁以上的大龄学生。目前学生平均年龄为30岁左右。

画家被校舍建筑之美深深触动, 特在画的上方空白处写下了这样一句: "建筑美有如书法美。"

没有这种审美的意识和冲动, 余工怎能拿得动笔? 怎能席地而坐, 一画就是三个小时?

余工不仅用眼看建筑, 而且用心耳听建筑之乐, 听其雅颂之声, 动于内者, 表意得广焉。

剑桥共35座学院, 三个女子学院, 两个专门的研究院。有独立, 又有联合, 统一。共用一个校训, 为一有机整体。剑桥被教堂钟声融汇在了一起……

剑桥简史和建筑概论

——校舍建筑之节奏，之诗韵

牛顿力学（包括万有引力）和他的自然哲学，以及达尔文的进化论等成就，同剑桥的教育制度有因果关联。因为制度是带根本性的。

而校舍建筑场域则是大学教育制度和大学精神的载体，本质上剑桥校舍富有建筑诗韵。

我国古人对诗下了这样的定义：

"心之声为言，言之中理者为文，文之中有节者为诗。"

这便是建筑之节奏，之诗韵。

——2012年8月于上海思南公馆咖啡屋。

剑桥校舍建筑艺术深深感动了乡村建筑师兼中国现代家庭装饰艺术学的创始人余工，他才拿起了笔。

1068年（相当于我国北宋神宗年间）诺曼王朝国王威廉一世在剑桥建碉堡。——欧洲的城堡往往是城市的原点或发源地，可见人类一部城市史也是一部战争史之一斑。这很悲哀。它说明战争行为镶嵌在人的DNA中，而DNA正是1953年在剑桥发现的。

1081年剑桥镇人口仅为1 600人。

1130年建成圆形教堂。

1279年镇上有530间房屋，教堂15座。按人口比例计，教堂数量相当大。这说明剑桥人是God-Seeker（寻找上帝的人）。

从1284年到1596年，剑桥相继创办了彼得豪斯学院、王家（国王）大厅学院（后并入圣三一学院）、迈克尔豪斯学院（后并入圣三一学院）……等多座学院。

1600年剑桥镇上人口约5 000。

1608年建成伟大的圣玛丽教堂塔楼。

我说过,剑桥高高的塔楼是接接天气、通通地气的一个串起"天道地道人道神道"的宇宙哲学符号,为诗之极至:咫尺之内,而瞻万里之遥。

1801年剑桥镇为9 000人口;1901年4万;1973年为10万。今天也不会超过11万。这个人口规模最好。

20世纪剑桥新建的学院和研究生院计有10座。

最初的剑桥大学是宗教教育机构。在许多地方行政管理有一套复杂的程序,今天基本上仍旧沿袭700来年的传统做法,包括古老的校舍建筑语言符号系统,从中便形成了"剑桥现象"。

学者的学位等级由服饰、学袍和礼帽的不同表示有别,仅仅是"剑桥现象"的外表。

英国国王一直庇护剑桥,教会也为它撑腰,这才是造成"剑桥现象"的本质之一。

剑桥是一小镇,在700来年(有人认为剑桥大学的历史应从1284年第一座彼得豪斯学院创建算起)大学与城市的矛盾、冲突和争执中,大学总是占上风,所以从一开始大学便享有种种特权。早在1231年,国王亨利三世出手亲自干预,不许地主剥削大学学者。——大学(Universitas)这个拉丁词的原意是指一群学者的行会。

英国国王和教会重视培养国家精英是"剑桥现象"成功最深层的原因。——这使我们联想起我国的科举制度。但两者有一个重大区别:

中国历代精英在书院只掌握"人文"这个环节,剑桥的精英从牛顿时代之前起便以"四文"(四重道——天道地道人道神道)的有机统一为最高目标,即两个层面的Law and Order,这才是决定性的东西;也是剑桥之所以成为剑桥的根本原因。

在19世纪70年代以前,要入学剑桥必须具备三个条件:信仰英国国教,有相当收入,男性。

所以剑桥的教堂林立,当然基督教也是整个西方文明的源泉之一,但从17世纪即融入了泛神论:上帝即大自然,大自然即上帝。(God-Nature; Nature-God)——对于"剑桥现象"的形成,这同样是决定性的因素之一。

泛神论(Pantheism)是剑桥科学家、艺术家和哲学家的内心一种暗中的涌浪,其中便有牛顿和19世纪著名的湖畔诗人华滋沃斯。

事实上,牛顿是17世纪剑桥最伟大的自然哲学诗人。(The Nature-Philosophical Poet)

剑桥各学院都由院长和院士(College Fellows)组成管理机构。大多院士在大学里有讲课任务;少数院士只从事科研。

应该承认,学院制和导师制是"剑桥现象"的重要元素。每位导师(Tutor)只带两至三名学生,言传身教,指导他们成长。——师生常一同散步,在无拘无束的神聊中,学生吸收了导师看问题的着眼点和思路,这点很重要。这不是知识,是"点金术"。(19世纪末和20世纪初,德国大学师生也是这种关系,故人才辈出)

实际上,剑桥大学是众多学院(共三十五个)的联合体。文理科相互交叉,融合,才是"剑桥现象"的灵魂。

学院制使学生的接触面和人际关系非常有利于人才成长。因为视野扩大了,思想自然活跃——创造力常常是从活跃打破定势的思维冒出来的。

剑桥的咖啡屋也是"剑桥现象"一个不可或缺的因素。("剑桥现象"在余工和我的眼中远远超出了原先的含义。原来仅指英国政府值得夸耀的一个成功典型,即指剑桥地区先进科技与企业的结合带动了高技术工业的迅速成长,由于获得了巨大成功而提升了剑桥大学的声誉。今天,在本书稿中,"剑桥现象"是一个很广泛的内容,它体现、涵盖了"天道地道人道神道"。)

大学教学比较正规,学院辅导则相当自

由。辅导可以在教师的宿舍内进行，边讨论，边喝咖啡，气氛融洽，效果很好。自由是剑桥生机勃勃的灵魂。

剑桥学子住宿在同一栋楼，每层有6—8间宿舍，文理科学生打成一片，一边谈天说地，一边品尝香浓的咖啡，"天文地文人文神文"的统一体（即人类知识的统一）便在暗中流进了年轻学子的微血管。——这对一个年轻大学生的世界观形成是非常非常重要的！这也是养气：

"我善养吾浩然之气。"（孟子）

剑桥大学精神正是富有一团"浩然之气"，将"天道地道人道神道"融为一体。

我在"北大"读了六年（1955—1961）。北大同剑桥的差距表现在许多方面。其中一个是当年的北大没有茶座或咖啡座，虽然是综合性大学，但文理科学生之间的关系基本上是"鸡犬相闻，老死不相往来。"我同理科学生的密切交往则是个例外，从中我的视野大大拓宽了，最后内心得以冲和神气，思与神会，这比什么都重要。今天的我成了这种样子便是明证。我喜欢我今天的样子。

综合性大学把知识（Knowlege）传授给学生仅仅是第二位的，暗示、启迪学生出智慧（Wisdom）才是最高目标。"四文"或"四道"结构或有机统一体作为灯塔，便是智慧，一生受用不尽。

追求智慧才是西方大学精神所在。

庄子的"判天地之美，析万物之理"把"四文"或"四道"结构点得更明白、清晰。事实上，从时间顺序看，"四文"或"四道"源自庄子。

剑桥没有校门。但余工和我好像看到了有块无形的牌子隐隐约约挂在校门上方："判天地之美，析万物之理。"

没有这十个汉字的指向，哪来"剑桥现象"？哪来剑桥的智慧光芒四射，照耀人类文明之旅？

没有这智慧之光，典雅、秀丽和古色古香的剑桥校舍建筑是空洞的，仅仅是一个没有内涵的空壳；

若是没有剑桥一颗颗令人目不暇接的建筑明珠，智慧便失去了附丽和依托。

剑桥大学的文理科学生热衷于相互交往，彼此渗透。——这给了我深刻印象。

原则上，任何学生可以去听任何课。谁来听，谁不听，为什么来听，为什么又不听，别人从不过问。——这才是"剑桥现象"的精髓，即自由。

在北大，我就混进阶梯大教室听过几堂数学、物理基础课。但总是提心吊胆，怕盘问我是哪个系的学生？（我的专业是德国语言文学）

最近余工把剑桥的咖啡屋这道风景引进了他创办的庐山手绘建筑艺术特训营，在营内开了一家"艺吧"，我在那里泡了两回，想找点感觉：

面对那里的野山野水，大之经纬天地，细而一动一植，咏叹讴吟，默契神会，品味余工的手绘，琢磨"剑桥现象"，也是一乐。

作为综合性大学的剑桥，它的主要特色是偏重"理"，其文科生和理科生的理想比例结构应为48:52。

我考进北大的第二年才知道剑桥，并梦想那里的校园。今天我同余工合作撰写这部书稿可以看成是青春梦的另一种代用品。余工也是这种心理，所以他以无比的热情用笔和纸把剑桥的校舍"一网打尽"。他毕业于重庆建筑学院。

梦是对现实不足的补充。手绘建筑是醒着做白日梦。我用方块汉字表述，又何尝不是睁大眼睛做梦？

有梦的人生才值得一过。梦"剑桥现象"才是过把瘾。——这才是余工和我的共识，也是合作的基础。

* * *

今天我国各大城市旅行社去英国旅游的项目中便有造访剑桥这一安排。

慕名来自世界各地参观剑桥大学的人们（尤其是中国人）往往会好奇地问：

"大学在哪里，哪里是大学？"

的确，剑桥不像中国的大学，没有划定校园范围的围墙，也没有校门和挂着校名牌子的醒目符号，中国人不习惯。其实整个大约11万人的小城剑桥便是一座大学城。园林型的，古朴、安详、幽静，给人一水一村、一桥一树、一篱一犬都市里的乡村感。在大片公园和地毯式的草坪中，点缀着古老、典丽的教堂和校舍建筑；衬托着数不清的、指向苍穹的、几何造型各各殊异的尖屋顶，凸显了剑桥建筑艺术世界的绚丽多姿，给人疏淡至美的神悦。

大部分学院和教堂位于剑河东岸，它们包括12世纪以来各个时期、不同风格的建筑：

哥特式、英国文艺复兴、巴洛克和新古典主义……当然罗马风的元素也少不了，若隐若现，迂回曲折，抑扬起伏，断而复联。

有不少经过精心修缮的巨型砖石建筑，好几百年来默默地注视着一代代剑桥人的成长，走向世界，震惊世界。这是一些沁人心脾、豁人耳目的建筑之诗，尤其是适逢人影在地，仰见剑桥明月的时分。

了解英国哥特风格生成的三个时期，对我们走近剑桥大学的建筑艺术是有益的。三个时期没有严格界线：早期（1170—1240）；盛期（1240—1330）；晚期（1330—1550），前后延续了约三百六十年。剑桥的建筑有不少属于英国哥特晚期。这里又分两种风格或英国哥特建筑语言符号系统：

1. 装饰风格（The Decorated Style）。比如各式各样的花饰窗格；楼廊相互交错，楼层利用飞扶壁结构形成统一的格局；拥有大窗户的立面墙壁；华丽的大十字回廊等。

2. 垂直风格（The Perpendicular Style）。比如山墙正面被大型挑尖拱或都铎式拱的窗贯穿；由大型高窗和相对应的楼廊构成的大连拱廊占主导地位；扇形（伞形）拱顶排成长列，从墙墩的侧束柱（集束柱）升起许多细肋骨。再就是顶肋骨等。

英国建筑史上一些主要风格的语言在剑桥大学均有所反应是件好事，因为建筑是有生命的，今天的人要学会同建筑对谈，提高自己，丰富自己。

在这里，我不能不提到剑桥校园内的英国新帕拉第奥主义风格。意大利的帕拉第奥是介乎于文艺复兴和巴洛克之间的伟大建筑师（A. Palladio, 1508—1580, The Great Architect Between the Renaissance and Baroque）。

在18世纪巴洛克鼎盛时期的英国，人们为了倡导正宗、严谨和典雅的古典主义建筑语言符号系统，或古典复兴，尤其推崇帕拉第奥的柱式以及毛石砌、楔石、隅石的墙体处理和窗户这个重要词汇。

英国人称呼"帕拉第奥风格"为"帕拉第奥主义"（Palladianism）。它在剑桥大学也有卓越表现，尤其是浮雕拱门帕氏窗。有的学院大门用了四根较大的塔什干柱子支撑巴洛克式的檐部。

随着英国人把新帕拉第奥主义风格带到了北美新大陆，美国的几所大学（比如哈佛）建筑也有典型表现。

在这里我想着重指出剑桥校舍对玻璃这种建材的重视。16世纪玻璃从威尼斯传入英格兰。到17世纪，英国的窗户越做越大。——"大厦上的玻璃比墙还多。"对一个力争多采光的国土，这种偏爱玻璃的屋是合情合理的存在。

它和曲尺形窗即凸窗（Bay Window）和陡然向墙外突出的凸肚窗（Oriel Window）都在剑桥校舍内落户。

英国都铎（Tudor）时代，英国人的房屋追求丰富、有变化的天际线：塔楼、垛口、荷兰式的山墙、烟囱和螺旋曲线形……（剑桥校舍也有典型表现）

眼光敏锐、富有线条形象思维的余工自然感受到了这一切，将剑桥校舍的这一切的一切一一捕捉，入画。

他有他的"一画之法"。

Peterhouse college. cambridge.

图: 圣彼得豪斯学院, 建于1284年, 正是英国哥特建筑风格的盛期。

建筑是有生命、有个性的。它会喃喃地对你讲述、朗诵。

建筑之诗以道性情。有一时之性情, 百年之性情。剑桥大学建筑之诗, 既有一时也有百年之性情。能有尽其情者, 莫如剑桥建筑诗。抹掉这诗, 何来"剑桥现象"?

请注意屋顶几何曲线之美。

1890年该学院最早使用电灯。这是人类驱赶黑夜、灯光照明的革命。英国人对电磁学的贡献极大。

余工笔下的立柱式街灯有种神气 (见图片左下角)。1890年当电点亮了街灯, 剑桥学子习惯吗?

剑桥大学是双重性格者, 即既恋旧又喜新, 这样才能与时俱进, 推动、引导人类文明之旅的车轮滚滚向前。

图: 剑桥一座学院的咖啡屋楼上楼下均有雅座, 屋内氛围深深触动了画家的画笔。

余工和我好像都隐隐约约听到了这样一句:

剑桥人因思考"天文地文人文神文"才喝咖啡; 剑桥人因喝咖啡才探索"天道地道人道神道"。

"四文"或"四道"之外没有诺贝尔奖。咖啡屋内的悠闲、自由自如自在有利于培育遐想。元素的排列组合,从中冒出某个卓越的观念,包括DNA双螺旋结构。

图：迈克尔豪斯学院的咖啡屋内景。剑桥多咖啡屋。

屋内有螺旋式楼梯。它不仅节约空间，而且是上帝设计宇宙构成的一个几何符号。上帝偏爱用螺旋几何曲线构造宇宙（包括台风、动物的DNA和海洋生物贝壳等）。

多座咖啡屋给剑桥学子提供了多个学科碰撞、交流的绝妙平台，容易产生富有创造性的思想火花：

以追光蹑景之笔，写通天尽人之怀。

这正是剑桥大学精神。

图: 王家 (国王) 学院 (建于 1441 年), 英国哥特建筑风格。

在剑桥, 最早创办的几所学院都叫大厅 (Hall) 或寄宿舍 (House)。学院 (College) 指住在里面的一群人。

剑桥各学院的建筑都是封闭的方形院落。后来的扩建便成为相连接的几个院落。

有一回在咖啡屋余工专门同我谈到剑桥院落建筑空间即院落精神。他认定里面包含了很深的建筑哲学原理。因为人在封闭式建筑空间 (院落) 有种安全感。他举了全世界的鸟窝结构为例。它具有 Universal 的性质。这只能出自 "上帝—大自然" 的设计。

剑桥学院建筑格局听从 "大自然—上帝" 的安排和设计才是最高智慧。

剑桥第一所学院叫彼得豪斯 (Peter House), 是因为这个住宿点在圣彼得教堂旁边。后来剑桥的学院才采用了 College。

王家学院的教堂是欧洲最优雅、典丽的教堂之一, 用了近 100 年才建成。这里的建筑空间把 "神文" 或 "神道" 符号化了。那里有剑桥大学精神的凝固:

"作诗之法, 情胜于理; 作文之法, 理胜于情。" 学院教堂, 情理兼备。

king's college. cambridge

图: 圣约翰学院门前的树和树下的自行车。

　　剑桥的校舍建筑同浓荫如盖的大树是相互依存关系。这种关系在剑桥大学校园内有极其和谐的表现:

　　人的意志和世界的意志在生存中表现它自己。伟人们立定志向来满足他们自己。——于是诺贝尔奖金获得者才有望诞生。

　　不过,立志获奖决不是从事探索的基本动力。你老想得奖,反而得不到。

　　余工多次对我说过,他偏爱剑桥的树林和阳光从林中空隙中斜射出来的样子。这是视觉艺术家的偏爱。他通过透视投影方法来表达他的偏爱。

图：剑桥校园多教堂，余工和我都对之激赏，因为这种建筑艺术（尤其是屋顶造型）能净化人的灵魂，并升华、拔高我们的灵魂状态，从平庸到高尚、神圣和纯洁。

请注意图片右侧停放了多辆自行车。据说，第一辆是1860年在剑桥圣三一学院出现的。后来，教授和学生便骑一辆前面挂个柳条筐的自行车为时尚，也是剑桥校园有特色的一景。

细心观察的余工总是不忘用疏散简远的寥寥数笔把它落在白纸上。

Cambridge.
The Church.
2012.3.10

图: 剑桥校园内停放的自行车构成了独特的一道风景。不远处便是剑河流
淌而过, 给人夕阳桥外桥, 秋水渡旁渡, 一步一景, 处处通幽之感
校园内弥漫着诗意, 是养育科学、艺术和哲学的好场所。(A Right Place)

图：圣约翰翰学院哥特式大教堂。

余工偏爱这里的低沉、共鸣和远播的钟声。作为声音符号的钟声，里面有"四重道"结构。——这里有剑桥大学的精神弥漫和丝丝纠缠。其中有"道"寓。

余工受启迪，打算在他的家乡庐山手绘建筑特训营（即庐山西海艺校）的对面群山建造一座报时的钟塔，作为"唐诗"里的夕阳钟、暮钟或远山钟，为的是提升、拔高那里四千多名年轻男女学子。这样的钟声是最高的声音哲学符号。

图: 剑桥一学院外景。

　　历史悠久的学院一般分为不同时期建成的几个院落, 院落四周是建筑物, 中间是大片草坪。——剑桥校园内的草坪是很有特色的一个符号: 幽静、自由、映着头上的天。

　　学院大凡都有教堂、兼作餐厅的大厅、图书馆和学生活动室。其余建筑主要是院士和学生的宿舍。

　　各学院的食宿条件收费标准不一。

　　剑桥的屋既是硬件, 又是软件。余工笔下的剑桥建筑永远具有软硬双重性格。请注意立式街灯。

图: 潘布鲁克 (Pembroke) 学院, 1347年创建。

由潘布鲁克伯爵夫人创办。16世纪因国王亨利六世大量捐赠得以扩建。

所以在学院校舍建筑物上存有英国建筑语言符号系统进化的历史档案。

屋顶造型艺术仿佛是它的主语, 它在对你述往事, 论当今, 眺望将来……

上百年的老建筑是会说话的。我们要学会听懂它所说, 包括剑桥大学的兴起以及它重视数学的优秀传统。

是的, 最打动人的屋顶造型是个主语。

Pembroke college
Cambridge

图: 潘布鲁克学院图书馆。

高高的塔楼和凸肚窗的造型更加深了建筑的崇高和神圣。因为里面珍藏着大量书籍。它是人类进步的阶梯。

印刷术从中国传到欧洲, 传到英国, 是中华文明对剑桥大学校训的一大贡献, 使校训能得以实现。没有书籍, 哪来启蒙? 智慧的传播也是一句空话。

剑桥的校舍建筑, 古色古香, 堪称为建筑艺术的海珍珠, 有近在咫尺, 妙想天外的功能。这时, 人与建筑的关系是:

人之相知, 贵相知心。

人的心与屋的心, 心心相印, 于是余工和我都被深深感动。余工用手绘, 我则用方块汉字来表达各自的触动, 然后合而一股。

高高的塔楼同剑桥天空黑白相间的浮云、木叶落尽的树梢构成的诗句对余工和我都具有荡心骇目的美感冲击。于是我们一拍即合, 一吐为快。

Gonville & Caius College's new built
Cambridge. 剑桥贡维尔凯斯学院
新建科楼yhm余. 2012.3.13.

图: 剑桥, 贡维尔和凯斯学院。

高高的烟囱参与了屋顶的吟唱和朗诵。当寒风冷雨过后, 剑桥校园天空放晴, 由以下三个基本词汇构成的一句千古绝唱便深深触动了线条诗人余工的脑和手:

变幻的剑桥上空的浮云、木叶落尽的树梢和屋顶高高的烟囱。从中透露出清峻和遥深。——这是剑桥特有的遥深, 富有七远:

广远、阔远、深远、幽远、渺远、淡远和迷远, 有助于人的内心营构"四文": 天文地文人文神文。

余工笔下的透视基本概念是为表达这"四文"服务的。

图: 圣约翰学院的高塔和烟囱构成了剑桥校园建筑场域一道壮丽的风景。它有暗中拔高、升华人的精神视野的绝妙功能。本质上这道风景或气候是建筑音诗。

古人说,正教者皆始于音,音正而行正,故音乐者,所以动荡血脉,通流精神而和正心。

所以剑桥校舍建筑艺术是仅次于著名院士、教授的辅导教师的启导,日积月久,潜移默化,自然见效,切不可小视!

图：王家（国王）学院，建筑宏伟、博大、精致，是剑桥来访者必到之处。

塔楼和烟囱合在一起，共同构成了屋顶建筑造型艺术：

小城古屋傍剑河，夕阳禽鸟点点落。

剑桥大学有两层风景。表层风景仅用肉眼即可见出；深层风景须用到心眼。"看"和"看到"分别属于两个层次。剑桥大学精神即它的"四文"或"四道"结构，属于深层风景。

图: 剑桥大学与教堂建筑是一个专门课题。

它远不只涉及校园建筑艺术；它涉及剑桥追求的上帝是什么？上帝是否存在？

否定上帝的存在比承认上帝还要难，且难得多！——剑桥大学认为上帝偏爱说数学语言。

我国的北大、清华、南开和复旦既没有上帝，也不会把数学同上帝合在一起来思量、追求、敬畏。这才是本质的差距。

cambridge street church. 刘小本 2012.2.26

图:剑桥大学一处建筑景观的诗意。

画家用他的黑白线条把这诗意杰出地表述了出来,于是他的画(建筑写生)便成了双重的诗,价更高!因为余工的笔下有剑桥校舍建筑艺术的生气、风骨和风韵。

屋顶高高的烟囱有多个出烟孔,具有视觉审美价值,也被画家抓住了,并诗意地刻画了出来,使我们四悦:

目悦、耳悦、心悦和神悦。

用今天的脑科学原理来说,归根到底这四悦是脑悦。

看来,剑桥大学精神落户在剑桥校舍建筑场域才是门当户对,一个金苹果落进了由银丝线编织的网袋里。

图: 圣约翰学院。

请注意四处:

1. 古屋的高高烟囱几何造型。如果晚秋季节有三两只寒鸦袅袅地落在烟囱上, 夕阳西下, 树树西风, 那情景是很迷人的; 2. 古老的山墙及其尖顶; 3. 横跨剑河的古桥, 正逢乱鸦点碎暮色苍茫; 4. 桥下河上有扁舟撑过。

好几百年, 从这种环境和气候中走出剑桥一批批思想家、数学诗人和杰出人物, 并走向世界, 有其内在逻辑的必然性。剑桥校园环境是养人的地方, 因为它给人 "浩然之气"。余工笔下的 "光影" 披露出了剑桥的校训。

他的立体阴影透视图便成了诗化哲学性质的。

图: 克莱尔学院 (Clare College), 原为大学大厅学院 (1326年建), 后因经费短缺, 1338年由国王爱德华一世孙女克莱尔夫人把它改建为克莱尔学院。

剑桥古老的历史告诉我们, 这座闻名于世的高等学府同英国皇室、教会有着千丝万缕的关系。没有他们的支撑, 便没有剑桥。请注意画面上的三处:

1. 英国哥特式大教堂 (The Gothic Gathedral); 2. 校舍屋顶烟囱林立;

3. 剑河上的泛舟。流水断桥芳草路, 淡烟疏雨落照中。

一切都在空灵中, 那是艺术世界的极至, 特别是扁舟一叶。

余工熟练运用了几何科学与艺术相结合的方法表现了我所指出的三处。

图：剑桥校园一座教堂内部。

总会有深思好学的学生一个人跑来这里发问：

上帝是谁？上帝既不是男人，也不是女人，上帝就是上帝。承认有上帝比否认上帝要好，且好得多。

草坪上有株小草在阳光下进行光合作用，那里便有上帝的最高机密。若是植物生理学家能够听懂小草在进行光合作用的全部机制和秘密，便准会荣获诺贝尔奖。所以这位学生常从教堂走出来，站在草坪一株因风在作摇曳的小草面前，低着头，双手紧握，敬畏感更浓，更深……

Church y w岁 2012年.1
corpus christi college.
cambridge.

图: 基督圣体学院 (建于 1352 年) 教堂内部。

这是剑桥唯一的一座由行会创办的学院。他们为培养教士为目的。院士 (College Fellow) 的职务之一是为行会成员的灵魂作弥撒。

"为灵魂作弥撒" 是 "剑桥现象" 一个方面。该现象的载体是剑桥校舍 (包括教堂)。

剑桥校舍和 "剑桥现象" 是一个有机整体, 这恰如蚌壳与壳内珍珠的相互依存关系。

图: 为了加深对英国中世纪哥特大教堂内部建筑空间细节的印象, 我在这里特意放了这张摄影图片。

教堂是剑桥大学校园一大特色。做礼拜是大学和学院不可少的生活内容, 这样, 许多学院都有重视宗教音乐的传统, 并专门设立了奖学金:

第一, 风琴奖学金, 每年奖金为 100—150 英镑 (合 1 000—1 500 元人民币);

第二, 合唱奖学金;

第三, 器乐奖学金。

用音乐语言赞美、崇敬"造物主—上帝"是"剑桥现象"一个重要方面。

图: 圣约翰教堂建筑空间内部。

追寻哲学的上帝（The Philosophical God）是剑桥大学精神的核心。

整个大学是条航船, 大学精神是舵, 追求知识（知识即力量）, 追求智慧是热情, 是鼓鼓的帆。剑桥大学是有舵有帆的好船, 健全的船, 既有感情又有理性。

在"光影之中","哲学的上帝"才会现身, 不过那也不是上帝本人, 仅仅是上帝的影子。看到上帝影子的人有福了!

剑桥学子牛顿便是有福人。因为他在多个领域瞥见了"造物主—上帝"的身影。"万有引力"的发现便是牛顿的一次瞥见, 层级很深。

图: 基督圣体学院的教堂立面, 哥特建筑风格。

在整个剑桥校园内, 多座教堂是剑桥人在好几百年追求 "哲学的上帝" 的一个凸显建筑符号。

这个符号同浓荫的大树、碧绿的草坪和日夜流淌的剑河以及横跨河上的 "数学桥" 才是剑桥一道说不完的绝妙风景。它对师生有潜在的启迪作用, 这便是孟子所说的 "我善养吾浩然之气"。

图: 剑桥校园内建筑一景。

体量虽小, 但颇有风韵、情调, 朗朗如残月半窗之入怀, 或遇上黄昏古木寒鸦之时。所以从剑桥走出了几位英国大诗人 (弥尔顿、拜伦……) 决不是偶然。

校园建筑环境或气候参与了诗人的塑造。——我指的是绝假纯真的童心。大诗人就是大童心。我国孟子有言:"天下之本在国, 国之本在家, 家之本在身。"这是多个环节串成的链接。修身即保有童心。

图: 贡维尔和凯斯学院。

　　它的屋顶几何造型非常典丽、优雅。若遇上夜深,月影横斜,有肖邦《夜曲》从阁楼中飘来,也会令飞鸟为之徘徊,壮士闻之而下泪。

　　图片凸显了余工笔下 "光影之中" 剑桥校舍的魅力。这是看得见的。看不见的、隐藏在背后的则是剑桥追求的 "哲学的上帝",它由两个层面的 Law and Order 所构成。

　　这是我对上帝下的定义。这是智信。

图：剑河上的平底船。剑桥人荡舟也在为校园增色。

若是教堂钟声渐远随波去，水底见行云，流水若有意，禽鸟相与还，更会提升剑桥校园的环境或气候。此时的中国人会记起李白的千古绝唱：

"云冥冥兮欲雨，水淡淡兮生烟。"

可见，有说不完的剑桥！屋顶高高富有风骨的烟囱和在水中的倒影，给人一望空阔、悠然自得之感。

图: 剑河桥, 有人叫康桥。

　　若是没有这条小河和河上的多座桥以及泛舟, 剑桥校园便会寂寞得
多! "天文地文人文神文" 也会受损伤。

　　剑桥校训和大学精神在画家笔下的 "光影之中" 若隐若现, 透出了缕缕
光辉, 使我联想起中国传统哲学: 道为天地之本; 万物归地, 地归天, 天归
道。事无大小, 皆有道在其间。

　　不过剑桥推崇 "实验的道" 加上 "数学的道"。这样的道才不空洞。

图：剑桥校园一建筑写生。屋顶造型艺术令余工有悲歌慷慨之感。——只有剑桥的"天道地道人道神道"才会生出这种旷世感慨或气候。

只有这种悲壮，而不是悲哀，才会营构出好几百年剑桥的"四文"。

文如日月气如虹，尤其是牛顿、麦克斯韦和达尔文的自然哲学。校园建筑的品味参与决定了大学精神的形生势成。这是个长年累月、漫长陶冶的过程。

请注意图片左下方一排自行车。

图: 王家 (国王) 学院, 建筑写生中的气势, 光影之中的校训。

气势纵横, 打动了余工。他用疏散简远的黑白线条勾勒出了剑桥校舍的品味或气候, 并把这种心胸博大、气概豪迈揭示了出来, 让千万读者感受到。这是他的笔力。

校舍建筑场域的格调和韵味有助于剑桥学子的立意: "意须出万人之境, 望古人于格下, 攒天地于方寸。"

于是剑桥群才辈出, 千载独步。牛顿和达尔文是两个代表人物, 引领近现代人类文明思潮。它的根深深扎在剑桥大学建筑语言符号系统中。那里弥漫了剑桥高古、肃穆和严正的大气候。

Welcome
to the oldest
Church of
Cambridge
Open

图: 今天的剑桥已由一座小镇发展为11万人的小城, 大学校舍同这座
小城已融为一体。里面有许多大小教堂。这里才是:

剑桥四百八十寺, 多少钟楼烟雨中!

对所有的人, 教堂都开放。门口有块牌子, 上面写着:"欢迎来剑桥最
古老的教堂。"(见图)

现在要追问: 上帝在剑桥教堂里吗? 上帝是什么? 上帝存在吗? 人的
灵魂需要上帝, 所以才有了上帝。至少, 教堂里的上帝是上帝的一个重要
组成部分。牛顿的上帝颇能代表剑桥的上帝。归根到底, 剑桥的上帝是
哲学的上帝。

CAMBRIDGE.
King's college.

图: 基督圣休学院教堂内景。

对于剑桥学子, 这个追问是回避不了的:

"哲学的上帝是真实的存在吗?"

如果中国《太平经》所说的 "天文地文人文神文" 存在, 那么, 剑桥人所追寻的哲学上帝便存在。

把 "天文地文人文神文" 同剑桥教堂、牛顿所追寻的上帝连接起来, 是余工和我合作撰写这本 "图文并茂" 书的最高目标。——这是中西比较哲学的产物。

图: 基督圣体学院螺旋式楼梯。

作为宇宙结构符号, 螺旋几何语言引起了余工的注意。因为它富有动感。在咖啡屋, 我们曾神聊过这个符号。

比如从卫星拍到台风形成的结构图形; DNA的双螺旋结构, 以及自然界多种生物的螺旋结构。小时候, 我玩过陀螺这种游戏。陀螺这种玩具形状略像海螺, 多用木头制成, 下面有铁尖, 玩时用鞭子抽打, 使其直立旋转。

剑桥校舍建筑推崇螺旋式语言符号正是恰当的地方 (A Right Place)。

余工握有曲线透视方法在这里正好派上用场。

Circular staircase.
corpus christi college

图: 剑桥校园学院内的咖啡屋氛围或气候。

　　楼上楼下的雅座由宇宙结构符号螺旋 (旋转) 式楼梯连结起来, 令宇宙咖啡闲吟客遐想, 思接千载, 追寻天下的道理:

　　圣人得之以成文章。这便是牛顿和达尔文的自然哲学原理。他们的哲理之诗可通风云泣鬼神, 宛如哀猿之叫月, 独雁之啼霜。

　　在牛顿笔下, 常出现螺线。今天的卫星云图才看到, 飓风 (台风) 核正是螺旋型风雨带。可见, 螺旋几何曲线具有宇宙、万有 (Universal) 的性质, 即具有神性。

图：气象卫星看2005年8月24日上午11点左右"卡特里娜"飓风（我国叫台风）的雏形，呈螺旋几何型，是"造物主—上帝"偏爱说的一个句型。

图：8月29日早上8点，"卡特里娜"发展了，即将袭击美国，时速约280公里，螺旋几何型更为明显。开普勒和牛顿发现，宇宙行星的轨道都偏爱椭圆。为什么"宇宙—上帝"（Universe-God)偏爱说这些几何曲线句型？这是为什么？落座在剑桥带有螺旋梯子的咖啡屋，追问这个宇宙神学问题是件很自然的事。

图：21世纪的气象科学研究表明，飓风是巨大的低气压旋，狂风以每小时120—250公里的速度打转，呈螺旋几何曲线图形。不过非洲沿岸空气中所包含的沙尘越多，在大西洋上形成的飓风便越少！

这是"大自然—上帝"（God-Nature; Nature-God）的运作奥秘。剑桥大学精神正是动用数学语言加上实验哲学去揭示大自然的运作机制和奥秘。

图: 余工紧紧抓住剑桥咖啡屋的螺旋梯子不放。他意识
到, 这个符号在剑桥具有宇宙结构的形式, 非同小可!

这幅手绘的线条更空灵, 为更抽象的"线条代数"形式,
"Universal"的味更浓。

为此, 我更有理由对之拍手叫好!

也只有余工的手绘才配得上去表达剑桥大学精神。我努力
用汉字去紧跟画家的"光影之中"剑桥校训。

cambridge
余工

图: 余工笔下"光影之中"的剑桥螺旋楼梯造型美。

画家在左下角写下了"曲韵"两个汉字。

曲是螺旋曲线; 韵是音韵。剑桥校舍建筑弥漫了和谐、优美和典雅的音韵。在本质上,建筑艺术和音乐艺术是相通的。

德国的开普勒便是善于聆听宇宙和谐音乐的伟大天文学家。他是牛顿的前辈。剑桥的牛顿站在十二位前辈的双肩上,所以才看得更远些。

是的,剑桥的螺旋楼梯深深打动了余工和我。

图: 余工从不同角度审美王后学院"数学桥"(The Mathematical Bridge)。该桥同剑桥人追寻哲学的上帝有关。

牛顿和爱因斯坦都笃信数学的上帝(The Mathematical God),这样的上帝偏爱说微积分和微方程式,也偏爱说几何语言(包括螺旋曲线)。

* * *

从咖啡屋楼上经螺旋式梯子走下来，再过剑河上的"数学桥"，自然浮想联翩。

剑桥大学崇敬数学是其传统，因为数学是上帝偏爱说的语言。我想起微分几何学如下球面的性质：

1. 一定体积的立体，以球的表面积为最小；一定表面积的立体，以球的体积最大。

可见，肥皂泡在一定容积之下，将成为表面最小的曲面。（小时候，我吹过肥皂泡。后来我才知道肥皂泡上有高深的微分几何，有神性）

2. 在所有一定表面积的凸体中，以球面的总（全）平均曲率为最小。

3. 飘浮在空中的肥皂泡总是呈球形。微分几何学可以给出证明。这里体现了上帝的意志。

4. 除极限情形外，母线上任一点描绘了一螺旋线。

5. 计算表面，任一螺旋面可以经过弯曲产生一个双参数螺旋面族和一个单参数面族。

6. 意味深长的是，牛顿在他的代表作《自然哲学的数学原理》一书中，多处谈到天体被涡漩所携带；或在同一空间包含了几个涡漩，它们彼此相互渗透，运动旋转。（这有点像2012年8月下旬我国南方受双台风袭击的局面）

事实上，牛顿思考过月球在一条圆轨道上均匀旋转的现象。经过剑河上那座桥，他或许会常常停在一处不动，望着河水画出一个螺旋几何曲线图案，他也许想到：

"造物主—上帝"偏爱用几何图形来表达、暗示自己的意志。自然哲学家一生最高使命是成为上帝意志的代言人。因为上帝是永恒的，且无时无处不在。

今天，剑桥大学学院某个高级研究员，决心终身不娶，点燃起"生命之火"（The Fire of Life）献身于微分几何学研究，把具有两百多年历史的高高塔楼顶层作为自己同上帝对话的建筑空间，度过这一生。前些年，世界级微分几何学大师陈省身在他的母校南开大学逝世表明，一个"朝闻道，夕死可矣"的人，可以在数学王国（即上帝的王国）活一辈子。

剑桥大学有这样的大气候。整个这里的建筑场域是追寻"哲学上帝"最理想的地方。

剑桥有利于"我思，故我在。"

爱因斯坦说，他尊敬基督教（教堂里）的上帝，但他更信赖"数学的上帝"（The Mathematical God）。走过剑河上的古老"数学桥"，你应该记起"数学的上帝"。

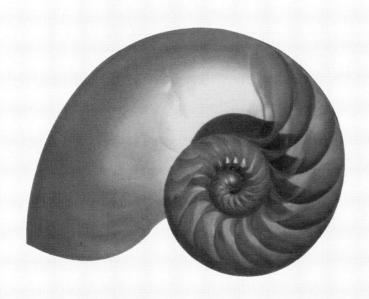

图：这是鹦鹉螺。

上帝偏爱说几何（数学）语言。螺旋曲线是一个重要词汇。从太空到地上，台风、海螺、贝壳、有些攀缘植物……均呈这种美丽的曲线。——这里正是上帝无时无处不在的暗示或隐喻。

这里涉及微分几何。我们先研究最简单的平面曲线。牛顿力学的继任者爱因斯坦广义相对论告诉我们，要真实地描述物理世界不能依照通常的欧氏几何学，而必须依照具有普遍性的黎曼几何学。剑桥大学非常适宜做学问，走在朝拜数学上帝的路上……

Queens'
College Mathematical Bridye.

图: 紧靠数学桥的王后学院。

2012年3月22日, 余工用建筑师 (土木工程学) 的眼光惊叹了桥的绝妙构造: 没有用到一个帽拴和一个螺丝钉!

这是工程结构的诗!

人生世界, 到处是美, 只欠缺审美的眼睛。余工具备这双敏锐的眼睛, 所以才用手绘把剑桥的建筑美揭示出来。

我则努力动用方块汉字把他的神采飞扬、风清骨峻和篇体光华的线条之诗加以衬托。我尽力当好配角。我是绿叶衬托红花。

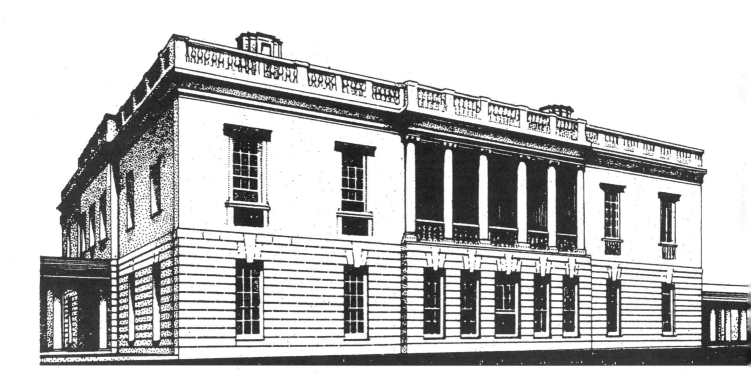

图: 这是英国文艺复兴建筑的代表作之一, 王后宅邸 (1616—1636), 琼斯设计。

在这之前, 英国剑桥三一学院都还是哥特式建筑语言符号系统。自英国伊丽莎白时代 (1558—1603) 起始, 英国文艺复兴建筑才迟迟地拉开序幕。(古希腊罗马柱式是最重要构件或符号)

英国文艺复兴建筑风格进入剑桥校园是件很自然的事。也许只有符合天地自然之数、不露斧凿痕迹的建筑之诗, 才有资格落户剑桥, 与池塘生春草、明月照积雪, 共同暗中潜心养育好几代诺贝尔奖金得主。

图: 哈德威克会堂, 英国文艺复兴建筑。

　　它影响了剑桥校园建筑风格是合情合理的。特别是立面的柱式和屋顶的烟囱造型。其风貌清新率真, 出之自然, 与剑桥大学精神一拍即合:

　　将复古道, 非我而谁?

　　只有剑桥大学精神才有囊括宇宙的宏伟气魄。

　　还有比牛顿的万有引力定律和后来在剑桥卡文迪什实验室对万有引力常数的测定更富有胆识的吗?

图：朗格雷特大厦（1572年），英国文艺复兴建筑。

正立面采用严格的对称布局，并凸显了方窗和凸肚窗这两个醒目的符号。壁柱和圆雕饰以及层间腰带线也深深影响了剑桥校园建筑，引起了余工的关注。

当然屋顶的雕塑艺术同样是不可忽视的！

那是交响乐团的大提琴部位："言近而指远者，善言也；守约而施博者，善道也。"（孟子·尽心）

　　图：15—16世纪英国乡村庄园主豪宅——露明木（骨）架建筑风格，英文叫Half-Timbered Building，为砖木混合结构，深深影响了剑桥校舍建筑。

　　那天，余工和我在咖啡屋神聊，说有机会一定去英国乡村仰观俯察，一唱三叹。因为那里才是剑桥校舍的根系之一：俯仰身世，千载不朽！

　图：英国15—16世纪庄园主的屋，红砖，白色窗框，屋顶烟囱有多个出烟孔。

　剑桥大学城地处英格兰东南部平原的剑河两岸。那里的乡村庄园主别墅语言符号系统（包括草坪传统，以及烟囱几何造型和出烟孔）便对剑桥校舍产生过持久、重大影响。剑桥的根即深深扎在乡村庄园建筑风格之中：

　垣墙周庭，积书满架；明月枫影，珊珊可爱。

剑桥大学三一学院

——听其雅颂之声，志意得广焉

三一学院（*Trinity-College*）建立于1546年。在往后的岁月，从这里的校舍容貌，天地之命，中和之纪，走出了大批剑桥伟人。——这便是我所说的"剑桥现象"。不能说，这里的人杰地灵和校舍建筑场域没有任何关联。

——2012年8月，于上海图书馆

一、培根（1561—1626）

十三岁他进了仅比他年长十五岁的剑桥大学三一学院读法律，后成为英国政治家、国务活动家和大哲学家。青年时代，在我形成世界观的时期，我至少有12位导师，均来自书本，没有一个是北大课堂上的教授。培根便是我从书本结识的一个大思想家。当我知道他是从剑桥大学三一学院走向世界的时候，我对剑桥便深怀敬意。——对一所大学的崇敬，标志我的精神开始觉醒。

那年我已19岁，毕竟我是晚熟。我自知是一列晚点的慢车，老在赶路，不敢再慢半拍。到了今天，更是黎明即起。因为老牛自知黄昏短，不用扬鞭自奋蹄。

剑桥的培根用手狠狠地推了我一把。今日借此机会来报答先生。古人有言："先生滴水之恩，学生涌泉相报。"

培根以下思想、观念拧成了一个合力在我的背上击一猛掌，五十三年后的今天，我还记得这重重的一击。——这里有我半个多世纪凿通今古、融汇东西的努力，尽管收效甚微：

培根坚持实验方法是寻求真理的唯一正确途径。

在这种意义上，马克思才公正地推崇他为"现代实验科学的真正始祖"。毕竟，在科学领域，他是一个光辉的哲学头脑。(In Science, however, he revealed a brilliant philosophical brain)

也正是这个头脑加上后来的牛顿推崇、敬畏数学，便铸造了剑桥大学的精神：

实验哲学 + 定量的数学语言 → 揭示大自然真理。

这样，中国的"四文"或"四道"结构一旦落入剑桥大学手里便成了实验的"道"加上用数学语言说出的"道"，从而为英国工业革命的到来作了哲学思想准备。——这是培根的功劳，也是剑桥大学精神所在。

很遗憾，我国明末没有贡献出像培根这样一位启蒙思想家。

正是实验的"道"加上用数学语言说出的"道"把剑桥大学精神同我国传统书院精神严格、鲜明地区别了开来！

培根谈到简单、粗劣和错误的经验。这种经验是自然发生的，也是偶然事情。**"如果有意去寻求，则叫做实验。"**

这个定义下得很好，很到位。——这是剑桥的定义。没有它，便不会有后来几十个诺贝尔奖金得主！

培根认为，真正的经验方法是务必要点起蜡烛来照明寻求真理的道路。

二、牛顿（1642—1727）

1642年他出生于英格兰林肯郡一座小村庄沃尔索普(Woolsthorpe)。祖父是庄园主。父亲继承了田产，但与牛顿的母亲汉娜(Hannah)结婚不到半年即病故。牛顿是遗腹子，且早产，生后勉强存活。——这也许是上帝的意志，让牛顿去发现"造物主—上帝"(The Creator-God)制定的万有引力定律和经典力学的其他几条定律，从中披露出了上帝的最高智慧，让人类齐声去歌颂上帝，赞美上帝。这正如后来英国诗人波普(Pope)为牛顿写下的墓志铭：

"大自然和自然律隐藏在茫茫的黑夜中，上帝说：'让牛顿出世吧！'于是一切便豁然明朗。"

今天的剑桥三一学院教堂大厅内有牛顿全身雕像，供世人瞻仰。也许后来的爱因斯坦才有资格同这位剑桥旷世天才比肩。

据牛顿母亲说，刚出生的牛顿瘦弱得不同寻常，可以装进一夸脱（等于1.136升）的壶里。为了支撑他那个小小的脑袋，母亲只好在儿子的头颈上围着一块围巾。——但也正是这个看起来那么微不足道、弱不禁风的小脑袋后来却考进了剑桥，并从那里走向世界，震惊了世界，直到今天人类拥有电脑、电视和手机的21世纪，我们仍然时时处处都在受惠于这位剑桥大学"自然哲学家"的智慧之光。——在牛顿时代，科学家也被称之为"自然哲学家"。(The Natural Philosopher)

就我个人的爱好而言，我更偏爱称呼自然科学家为"自然哲学家"，尤其是"剑桥自然哲学家"，有种崇高、神圣感迎面扑来，拔高人的志气，给人海风碧云、乾坤浩气之阔大、雄浑感。——这便是我在书稿中一再赞美的

图: 培根(F.Bacon, 1561—1626)，他死后16年，牛顿出生。

他的哲学思想先行，牛顿力学后到。

培根认为，哲学主要使命是人类必须学会以理性的方式去把握大自然。马克思称他是"英国唯物主义和整个现代实验科学的真正始祖。"

1573年，培根入学剑桥。三一学院是他和牛顿的母校。

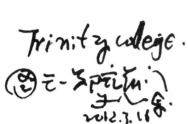

图: 三一学院建于1546年。16年后培根入学。

建院一百十五年即1661年, 牛顿考取著名的圣三一学院。

没有剑桥大学这座最大的学院, 也许就没有英国一批伟人。

2012年3月16日 余 工用萧散简远、空灵、完全遗其质实的三两笔即勾勒出了学院这座标志性建筑。它明显地由中世纪城堡(包括塔楼、垛口和塔楼内的螺旋形石阶)演进而来。

三一学院这座标志性建筑为剑桥大学精神的凝固或符号化。后来的美国哈佛大学几乎把这个符号原封不动地搬了过去, 且在20世纪有所继承。

"剑桥大学精神"。

从余工笔下的剑桥校舍写生,隐隐约约透露出来的正是这精神,否则那一栋栋屋仅仅是个没有生气或灵魂的空壳。

少年牛顿酷爱动手制作各种机械玩具:风车、风筝、木钟和折叠式手提灯。当时他读了很多书,并养成做读书笔记的好习惯。后来他进了剑桥仍旧把自己研究微积分和万有引力的心得写在里面。

母亲对儿子的愿望是将来做个庄园主,所以就把牛顿从中学招回,让他学习管理庄园。但少年牛顿不热心务农,只醉心于读书和做各种机械玩具。(这为他后来自制反射望远镜奠定了基础)

1661年6月18岁的牛顿考取了剑桥大学三一学院,这在他的漫长一生中是件决定性的大事。

那是欧洲伟大的巴洛克世纪,需要天才也产生了天才的时代。牛顿在这时进入剑桥正符合这个黄金概括:

"以有为之人,逢有为之时,据有为之地。"(The Right Man at the Right Time in the Right Place)

三者缺一不可,缺一不可!其中"据有为之地"便包括英国17世纪巴洛克时代的剑桥大学。

因为牛顿是个乡下孩子,只能作为一个减费生就读,即受教师差遣和做些有钱大学生不愿干的零活、杂活,以此减免学费。(类似于今天的半工半读)

入学前他精读过舅舅送给他的一本桑德生的《逻辑学》,这对他后来的研究生涯大有裨益。

因为逻辑是永恒的,也是不可战胜的。因为你要反对逻辑,你还要用到逻辑!进入剑桥高年级,他,开始了一生最富有成果的光辉岁月,牛顿顿悟到:

数学和物理学理论本质上是逻辑体系!

精密物理科学的逻辑结构,包括实验在物理理论的逻辑地位,十分关键。牛顿把实验物理学称之为"实验哲学"是意味深长的。

正是中国的"四文"、"四道"无意中在剑桥被予以实验化,成为"实验四文"或"实验四道"才成了剑桥大学精神的核心力量,落实到了实处,有别于中国书院精神的残缺和弊病:空洞、干瘪,大处着眼,无处着手,不着边际。

逻辑的重要性在于世界(或宇宙)便是"逻辑与存在"这个最高哲学命题:

Logic and Existence

上帝是什么?上帝正是Logic and Existence的制定者。

上帝的存在(Existence of God)因逻辑而存在。世界(宇宙)的存在也因逻辑而存在。

而逻辑的法则恰恰又是上帝亲自制定的。上帝制定了逻辑,它自己也严格遵守。

好几千年的人类文明之旅(直到今天2012年)只在做一件事:

用人类的逻辑(Human Logic)去走近上帝制定的逻辑,使之成为"逻辑与存在"。

牛顿的光辉一生正是这样做的。

剑桥大学的精神说到底便是觅寻"哲学的上帝",即"逻辑与上帝的存在";或"逻辑与宇宙的存在"。于是便成了"宇宙 – 上帝"(Universe-God)。——这估计是牛顿神学(宇宙宗教感情和智信)的核心。

图: 走进剑桥校园, 不论是教堂还是校舍, 细心人都会隐隐约约听到一个富
有音韵的最高命题在你耳际回荡:

逻辑·上帝·存在 (Logic · God · Existence)

拿掉这一无声的、形而上的回荡, 便没有剑桥大学精神, 也不会有牛顿的有
关自然哲学的数学原理探索。

牛顿一生就是用数学语言去证明上述哲学命题。

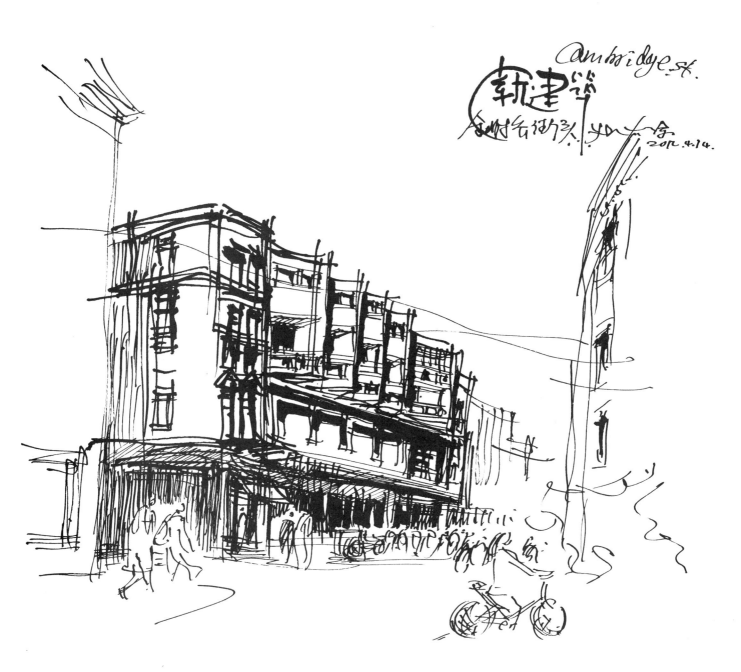

图: 剑桥街头新建筑, 吸引了余工的视线。进入20世纪, 剑桥也有些现代国际主义建筑风格的建筑拔地而起, 引起了不少人的反感。他们写信给《泰晤士报》, 批评立方块形状和不正规窗户同古色古香的剑桥不协调。

一切都在变。建筑符号语言哪有一成不变的道理?

今天人类登月, "好奇" 号探测器在火星上登陆是牛顿决没有料到的!

但 "逻辑·上帝·存在" 这个最高哲学命题却是不变的。

入学剑桥后，牛顿广泛阅读，因为他有条件接触到图书馆里的大量珍贵藏书和手稿，而且校园建筑场域的氛围或气候也有助于他碾碎、咀嚼、消化那些经典。

他听的课有希腊文和拉丁文。这两种语言是进入古希腊罗马文明宝库的金钥匙。因为该文明是后来西方文明的源头。——不管你是继承它，还是反对它，它都是你的起点。重视希腊文和拉丁文，推崇逻辑学，是剑桥大学的传统，也是它的精神所在。

牛顿从大学时代起，他的宇宙观便深深扎根在该传统中。为了阐明宇宙系统，他一定要回问古希腊罗马文明。这是他的自觉的历史意识。在剑桥，他的这种意识得到了加强。中世纪哥特式建筑场域，富有罗马风建筑（Romanesque）的遗风或元素，有助于牛顿这种意识的形成。这是潜意识、日积月累的过程。

进入剑桥三一学说，牛顿精读的著作主要有：

1. 亚里士多德的《工具篇》和《伦理学》；

2. 笛卡儿的《哲学原理》和《几何学》。笛卡儿是牛顿的伟大前辈，两人相差46个春秋，是两代人。笛卡儿的解析几何学深深影响了牛顿用几何图形语言去论述他的实验自然哲学，成为他的自然哲学的数学原理之一。

从笛卡儿那里，牛顿吸收了"真正的几何精神"，学会了两条腿走路：代数解析法和几何直觉想象。——这正是牛顿代表作《自然哲学的数学原理》两条强有力的左右腿。它把"四文"或"四道"统一了起来。我国书院教育没有这两条腿，连双腿的影子都见不到！

书院精神所追求的是空虚、飘渺无着的道，是"元气"：

"元气为道之本。"

元气同空虚无着无边是同义词。

笛卡儿是法国伟大思想家，剑桥学子牛顿善于求教于法兰西思想，也体现了剑桥的开放头脑：

海纳百川，心中浪潮翻腾。子曰："吾尝终日不食，终夜不寝，以思、无益，不如学也。"——这便是当年剑桥默契神会的牛顿。

笛卡儿的《几何学》和沃利斯（J.Wallis,1616—1703）的《无穷算术》对牛顿的影响是决定性的。

顺便说一下，沃利斯比牛顿年长26岁，曾就读于剑桥。正是这位学长和笛卡儿把牛顿迅速引导到了当时数学探索的"前沿"——解析几何和微积分。

后来，牛顿回忆："1664年圣诞前夕（即牛顿进入剑桥的第三年——赵注），当时我还是一个高年级学生，我买到了范·舒滕的《杂论》和笛卡儿的《几何学》（半年前我已读过他的《几何学》和奥特雷德的《数学入门》），同时借到了沃利斯的著作。"

根据现今三一学院保存的牛顿在这一时期的读书笔记，我们可以进一步了解牛顿在大学生时代俯而读、仰而思的数学经典范围，主要是三位大数学家的著作（也许在他缓缓走过剑河一座草色小桥落照中，还在思索某个数学问题。——故今天有"数学桥"的美称）：

1. 韦 达（F.Vieta,1540—1603），法国数学家，有近代代数之父——The Father of Modern Algebra——的美称。

2. 费马（P.Fermat,1601—1665），法国大数学家。

3. 惠更斯（Ch.Hugsens,1629—1695），荷兰大数学家，物理学家。

欧洲大陆这些领军人物的思想像母亲的乳汁一般滋养了牛顿。英国天才善于向大陆天才虚心讨教、交流、见贤思齐，是剑桥大学精神所在。欧洲各国国界不封闭，有利于思想、观念交流，推进科学、艺术和哲学的进步，而我国所处的地理环境则不利于交流，故闭塞，封闭，形成了传统的千年书院精神，无法产生牛顿的实验哲学。——在他的《自然哲学的数学原理》一书中，我注意到，牛顿多次提到"实验哲学"这个至关重要的概念。

正是这个概念——培根大力鼓吹，并提出"判决性实验"（Experimentum Crusis）——

图：剑桥满街的古墙和古柱头的雕饰图案花饰深深感动了余工，所以他来了一个特写，时2012年4月10日。

我确信，剑桥的古老建筑也有助于牛顿消化一大堆经典，包括古希腊亚里士多德的代表作，作为牛顿探索自然哲学（实验哲学）的起点。

在古建筑场域咀嚼经典，有助于牛顿精通于天地——日、月和彗星——；有助于他心中的神覆于、统治宇宙。这便是"逻辑·上帝·存在"。

图: 剑桥小街, 两旁有荷兰式带山墙的古老民居, 形式简洁, 墙面上常有浮雕装饰。刚读过经典著作的牛顿, 若是经过这里的小街, 也许会驻脚, 坠入甜美的沉思, 想起务必要把自然哲学放置在数学原理之上。

实验哲学只有安放在数学原理之上才可靠。——这便是牛顿代表作《自然哲学的数学原理》一书的萌芽。建筑语言符号所构成的场域功能是不容忽视的!

把西方大学精神同我国书院精神严格区分了开来。提出"判决性实验"这个概念是培根对"实验哲学"的重要贡献。

自古希腊罗马时代以来，英国的一切的一切同欧洲大陆便是相互交织在一起的。其中便有建筑。

培根与笛卡儿、莎士比亚与高乃依、牛顿与莱布尼茨、高斯、欧拉和爱因斯坦是相映生辉，相得益彰的。——人类文明之旅和进步需要各个领域的"两重唱"。用小提琴协奏曲或钢琴协奏曲来比喻也许更到位，更恰当。这回演奏钢琴的顶级大师为牛顿，欧洲大陆科学群星作为整个乐队成了与钢琴协奏、对话者。

图：建于16世纪70年代的英国沃拉斯顿市政厅。

意大利、法国、荷兰、西班牙和德国的建筑语言符号系统风格通过多种渠道传入英国，为英国的建筑艺术注入了新元素。

同样，欧洲大陆的数学、物理学也同英国的科学进行了频繁交流，是件大好事，对双方有益。若是牛顿的天才不同法国天才、低地国家天才、意大利天才和日耳曼天才进行碰撞、交流，牛顿力学会破土出芽、诞生吗？

注意图片中沃拉斯顿市政厅的屋顶造型艺术，那里的天际线，尤其是多个出烟孔的高高烟囱，剑桥校舍的建筑受它的影响不是很明显吗？

图: 沃拉斯顿市政厅塔楼特写。

在生动、富有动感的天际线上,建筑师还应用了带状壁柱,从而构成了大型竖框窗的框架。浮雕装饰的交错带状是另一处亮丽的细节。

明眼人很容易看出,这种风格在剑桥校舍身上有多么广泛和深刻的影响!因为没有与外界绝缘的剑桥大学建筑!

这恰如没有与世隔绝的牛顿数学和物理学的诞生。德国天文学家开普勒和法国的笛卡儿对牛顿的影响是多么重要啊!

图: 英国诺福克布里克林市政厅, 1616—1627, 英国文艺复兴建筑风格。

建筑师强调建材为鲜艳的红砖和石块的突角, 加上窗与楣相搭配、组合。英国东海岸广泛使用砖作为建材, 与曲线美的山墙主题相互协奏。英国这种17世纪初的詹姆士一世建筑与欧洲大陆低地国家(主要指今天的荷兰和比利时)的建筑语言符号系统有着血缘关系。

这种关系在剑桥大学建筑艺术上也有凸显的体现。余工谙熟英国建筑史。他偏爱英国建筑艺术, 是他旅居伦敦的主要原因。剑桥一些学院呈U字和H字型的封闭院落格局受本图片市政厅的影响是很显然的。

图：源自欧洲低地国家的山墙装饰艺术是英国詹姆士一世建筑的重要元素。（见图）我国当代装饰艺术大师余工紧盯着剑桥校舍呈曲线美的山墙、角塔与塔楼组成的天际线是他的艺术冲动本能所致。

余工是具有强烈建筑历史意识的人。他尤其看重细节。勿视细节（比如涡旋式，以及窗户造型），建筑整体美会受损害。这恰如一个交响乐队，你能拿掉长笛或黑管吗？

图：剑桥大学的建筑十分考究窗户的造型艺术。

建筑是种语言，数学（代数和几何）是语言，物理学同样是种语言。

建筑语言的哲学是什么？数学语言和物理学的语言哲学是什么？牛顿还来不及追问"物理学理论的目的与结构"（*The Aim and Structure of Physical Theory*）。这要等到事后许多年来拷问。

这个拷问是有意义的，恰如拷问上帝是否存在？不过你所说的、所指的上帝是什么？是云端里的白发老人吗？没有人格化的上帝。那么，上帝是什么？剑桥大学精神追问这些根本性问题，它和功利无关，即"明其道，不计其功。"剑桥大学精神有两重人格：不计功，计其功。这才是两条腿走路。

图：这是英国17世纪初一栋建筑的突出入口门斗。原是古典建筑的一部分。

图片中为詹姆士一世时期的华厦双层门斗，成簇的立柱形成了券型开口。门斗最前方为带有浮雕细工装饰的纵深旗杆。

这种建筑语言符号系统也顺理成章地在剑桥校园落户，气韵生动，质美曲和，动目惊耳，感荡心灵。——高等学府的建筑艺术场域的确应有这种功能。

詹姆士一世建筑风格的形成，多亏了英国人起用大批来自欧洲低地国家的工匠和雕刻匠的缘故。尤其是与低地国家交往密切的英国东部地区，许多建筑都采用了华丽的荷兰式山墙，还有壁炉的造型。17世纪英国数学和物理学同低地国家的交流不也是这样吗？剑桥大学精神之一是同欧洲大陆全面交流而自成面貌。建筑语言、数学和物理语言便是其中三个领域。

* * *

牛顿在广泛又有选择性地精读同时,也聆听大学的有关课程。特别是巴罗开设的卢卡斯讲座,对他一生的道路有决定性影响。

巴罗(J.Barrow)为牛顿的老师,是剑桥第一任卢卡斯(Lucas)讲座教授。卢卡斯早年就读于剑桥圣约翰学院,1663年去世。根据他的遗嘱在剑桥设一数学讲座,以他的姓氏命名,年俸仅低于学院院长,为100英镑。

后来牛顿回忆巴罗开设的讲座,特别是追溯流数概念的来源:

"巴罗博士当时讲授关于运动学的课程,也许正是这些课程促使我去研究这方面的问题。"

这便是建立牛顿力学,以及为了解决具体的力学问题发明了必需用到的新的数学语言(计算)工具——微积分,为百年之后英国工业革命的到来作了科学技术定量语言的准备。——可见,剑桥大学精神应体现时代精神;它是时代发出的最强音!

进入21世纪的今天,剑桥大学精神应是什么?依我看,便是如何把当代人类文明从重重危机中拯救出来。

其中最大危机之一是蝴蝶、大黄蜂、甲虫、蜗牛……等无脊椎动物正处于灭绝的危险之中!这些看似卑微的生物为大自然赋予人类许多最基本的恩惠(而不是奢侈品)奠定了基础!蚯蚓使废弃的养分得以循环利用;珊瑚礁为地球的生命金字塔提供了最基层的支撑;蜜蜂则帮助粮食作物授粉。这些看起来非常下贱的、最基础的生物一旦灭绝,下一个灭绝的便是人类自己——这个自以为绝顶聪明、在地球这个小小的星球上称王称霸、坚持万物以人的利益为中心的物种!

这是不用怀疑的。21世纪的剑桥大学精神应有这种大焦虑。这才是与时俱进。

无脊椎动物大规模快速灭绝的主要原因是机器工业、文明污染、气候变化等问题造成的。

西方现代机器工业文明的基础之一是微积分和微分方程。当然还有牛顿力学。——当年剑桥的牛顿对今天人类文明的危机要负责吗?当然,他不曾料到。

牛顿原是农家子弟。他来自土地、庄园、森林和牧场。17世纪还是农耕文明,变化少,变量少,还用不上微积分,用不上很大很复杂的力。牛顿力学和微积分还派不上用场。——这对维护大自然的和谐、秩序并然是件好事。不久,由于剑桥的牛顿"伟大发明",世界发生了巨变!蛮力替代了悠缓的牛车和马车。这是福还是祸?

我国的李汝珍有言:"福近易知,祸远难见。"

毕业于剑桥的大思想家培根也只是单独强调"知识即力量。"但这力量是有善恶方向的。方向一错,力量越大,后果越悲惨。核武器即其一例。

* * *

在这里,我想先提到牛顿的数学成就,它同剑河上的"数学桥"有关。余工和我对它都偏爱、青睐有加。牛顿的数学天才是由他的"气盛"决定的。他的第一个创造性成就是"二项定理的发现"。据牛顿本人回忆,他是在1664年和1665年之间的冬天(即21至22岁)在研读了沃利斯博士的《无穷算术》并试图修改他的求圆面积时发现的。

也就是计算 $\int_0^1 (1-x)^{1/2} dx$ 级数悟出的。

牛顿对二项定理的原始推导写在他的1664—1665年一本笔记本上被剑桥大学保存至今。以下是他用符号语言叙述了二项定理(这首天下一等数学诗——A Mathematical Poem)。

牛顿利用沃利斯的结果,即在他的结果之上创造性地得出:

$$(P+PQ)^{m/n} = P^{m/n} + \frac{m}{n}AQ + \frac{m-n}{2n}BQ + \frac{m-2n}{3n}CQ + \frac{m-3n}{4n}DQ + \cdots$$

从中透出牛顿青春的灵感,正如我国《文心雕龙》提出的诗论:慷慨以任气,气爽才丽,气扬彩飞。——这便是我们通常所说的"天才"。它属于数学创造心理学，归根到底属于脑现象，至今仍很神秘。因为世界最后之谜为人脑之谜。——用人脑揭示人脑的最后秘密，这可能吗？人的智力是有极限的！

19世纪末和20世纪初法国伟大数学家、科学全才彭加勒（H.Poincare,1854—1912）谈起过他的数学创造心理学现象。他经常在早晨或晚上躺在床上处于半睡状态，总有些念头浮想联翩。有一回，当他登上公共马车，踏上踏板的时候便顿悟到一类富克斯（Fuchs）函数的存在。

这便是杜甫的"诗应有神助。"诗而入神，至矣尽矣！

不入神，牛顿不可能朗诵出二项定理。

他的顿悟估计发生在横跨剑河曲水绕楼台的斜桥上。建筑之诗，有诱发数学之诗的功能。在最深层次，"数学的绝对美"（The Absolute Beauty of Mathematics）支配、统治着一切领域。

余工建筑写生所追求的最高艺术境界是揭示"数学的绝对美"的蛛丝马迹。作为线条诗人的余工，他以此为满足。

因为剑桥大学的建筑艺术深深打动他。建筑之诗，诗歌之妙，全在得神于形，为诚与幻、空灵与实际之间。

牛顿的上述二项定理不也是得神于形，为诚与幻、空与实吗？在近现代科技领域，它有那么广泛、深刻的应用啊！

就在该定理发现的翌年1666年，灵感附身的剑桥大学数学诗人（The Mathematical Poet of Cambridge University）牛顿吟唱出如下如珠如玉似的诗：

$$\arcsin x = x + \frac{1}{6}x^3 + \frac{3}{40}x^5 + \frac{5}{112}x^7 + \cdots\cdots,$$

$$e^x = 1 + x + \frac{1}{2}x^2 + \frac{1}{6}x^3 + \cdots,$$

$$\sin x = x - \frac{1}{6}x^3 + \frac{1}{120}x^5 - \frac{1}{5\,040}x^7 + \cdots\cdots,$$

$$\cos x = \sqrt{1 - \sin^2 x} = 1 - \frac{1}{2}x^2 + \frac{1}{24}x^4 - \frac{1}{720}x^6 + \cdots\cdots 。$$

牛顿为自己能发现这一长串函数级数而自豪！无穷级数成了微积分不可缺少的、极珍贵的、高深并且非常便捷的计算工具。本质上，里面包含了数学的绝对美。从剑桥大学的建筑艺术中，也时时会透露出这绝对美的若干元素。尤其是当百年老屋，月色苍凉，东方将白时分。

其实，剑桥校园，四时之景不同，不同时期的建筑风格，古希腊罗马柱式在烟斜雾横中若隐若现，透露出"数学的绝对美"，溢与其貌，动与其韵，的确有激发剑桥学子志气的潜在功能。

上述牛顿发现的无穷级数早已写进了全世界高等数学教材，为理工（医学和农林）大学生必读的教科书。余工在母校重庆建筑学院一定做过这方面的习题，我在青年时代也自修过几十道无穷级数题目，所以今天余工和我才对剑桥的"数学之诗"有如此深厚的感情。因为牛顿无穷级数之诗以雄放、清丽和高阶和谐著称。

年轻的牛顿在圣三一学院教堂祈祷的时候一定从《圣经》中多次读到过下面一段话（哥林多后书，第4节）

"因为我们要看的不是能见到的东西，而是不能见到的；因为能见到的是暂时的，而看不到的东西才是永远的。"（英文原文：*Because We Look Not at What Can Be Seen But at What Cannot Be Seen; For What Can Be Seen is Temporary, But What Cannot Be Seen is Eternal*）

我认为这是《圣经》整部书最富有启发性的一段论述，它像一座灯塔，引导人类文明这艘远洋航船，乘风破浪，追寻科学、艺术和哲学的最高目标，即追寻"哲学的上帝"，把"四文"或"四

道"结构一以贯之！（"四文"或"四道"由中国传统哲学首先提出，但它的永恒智慧之光却属于全世界，为人类共有）

　　好几个世纪，剑桥大学精神热衷于寻找那看不见的、永恒的东西。——这便是牛顿和后来一批科学家所拥有的数学绝对美的审美感：

　　"数"与"形"的高阶和谐。代数与几何永远是两条腿走路，只有这样，"数学王国"（The Kingdom of Mathematics）才能欣欣向荣！

图：剑桥三一学院双塔楼的建筑之诗。
　　谁能否认里面包涵着用肉眼看不出的"数学绝对美"呢？
　　谁又能否认这建筑美对极度敏锐的牛顿大脑没有潜移默化的功能呢？今天的脑科学表明，某个天才概念的形成是大脑数十亿个神经元之间化学物质排列、组合奇妙的产物。
　　从余工笔下的"光影之中"披露出来的那看不见的东西，正是牛顿用心眼和神眼瞥见到的。

图: 这是潘布鲁克学院
(Pambroke College) 古屋
风貌的音韵, 尤其是凸肚窗
和屋顶的曲线美。从中透露
出"数学的绝对美", 深深触
动了余工的视觉神经, 鼓动
他用线条去笼天地于形内,
挫万物于笔端。

　建筑艺术之美营构的气
候, 说到底是里面有"数学的
绝对美"若干元素在暗中涌
动。余工和我都无法抵挡这
种大美的诱惑。

　　图: 圣三一学院。同一个场景, 试图把建筑美与数学绝对美联系起来看, 又是一番新天地。

　　的确, 看不见的美是深藏在建筑美背后的数学绝对美。画家试图用简洁、空灵的线条勾勒出三一学院建筑 (高高的屋顶) 艺术背后的东西。

　　它是否启发过牛顿发明二项定理和无穷级数这种绝妙的语言呢? 无穷级数在本质上是宽泛的诗。

　　按气质, 牛顿是宇宙诗人 (Universe-Poet)。

　　余工企图通过透视状态的变化去表述眼前的一切。

图: 从另一个角度审美王后学院的数学桥, 干脆就叫牛顿桥。

当代中国室内装饰艺术大师、手绘建筑领军人物余工深深懂得把看得见的小桥同牛顿发明的二项定理以及无穷级数——这无形的桥——联系起来看。

余工因被感动, 故在白纸空白处写下了 "Mathematical Bridge, 数学桥, 牛顿桥" 的字样。这样, 我的脑神经也被余工的线条煽动了起来。

有两个人从牢栅里往外看, 一个看到的是一滩烂泥, 另一个人看到的是满天星斗。

剑桥大学精神教我们仰头看星空。牛顿是看星空的剑桥第一人。

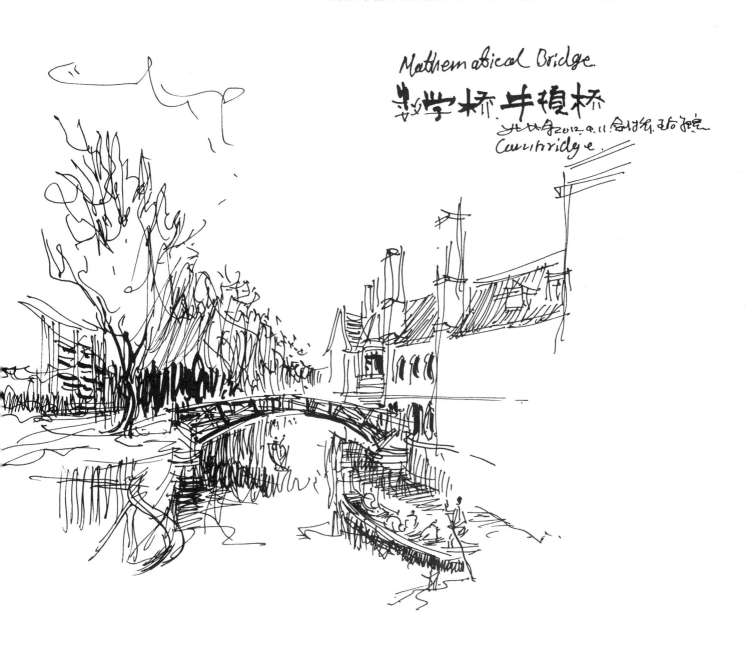

图: 从数学绝对美审视剑桥圆顶教堂。

牛顿是几何学大师, 教堂的圆顶曲线一定引起过他的数学沉思。

曲面的曲率、椭圆点、双曲点和抛物点在他眼里是几何之诗。介乎于椭圆点和双曲点有一个过渡情形, 这便是抛物点。在牛顿时代, 变分法还处在萌芽状态。后来, 它在理论物理学中起着根本作用。

剑桥大学精神就是从有形见出无形, 又从无形见出有形, 或从小见大, 从有限看出无限……

图: 剑桥校园的建筑造型符号语言对剑桥学子的影响是无法回避的: 低头不见, 抬头见, 而且是日日夜夜, 一年四季, 不管刮风下雨, 均为不期而遇。

屋顶常呈椭圆或圆形状 (见图)。那里有微分几何语言。

现代数学哲学有一个术语叫"数学的结构"或"数学的建筑" (Constructure of Mathematics; Architecture of Mathematics), 从我的青年时代起, 这个叫法便深深吸引我。今天借助余工手绘建筑的线条之诗, 让我再次回到这个伟大的课题, 拔高我, 熏陶我, 给我雄壮阔大、清风骨峻的心胸。这样的我, 是不老的!

图：剑桥大学图书馆。

它引起了余工和我的视线和脑神经的关注有两个原因：

第一，牛顿等一批大人物的许多手稿都保存在此。手稿里面有一些伟大的概念。正是这些有关"天道地道人道神道"的概念塑造了今天的人类文明成就，包括手机、电视和电脑，也有核武器和化学武器的万恶。

第二，从建筑的数学结构或数学的建筑构成去审美，剑桥校舍无处无时不乏诗意。生命之火最迷人处正是生出诗的音韵和律动。牛顿是用数学、物理定律写诗的人。

 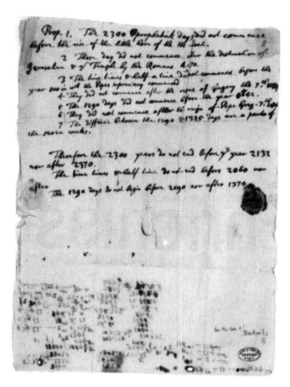

图: 保存在剑桥图书馆的牛顿手稿。

没有图书馆，启蒙之所，智慧之源，便是空话！

我们只有努力站在伟人们的双肩上，才有可能看得更远些。

图书馆便珍藏着这些珍贵的双肩。

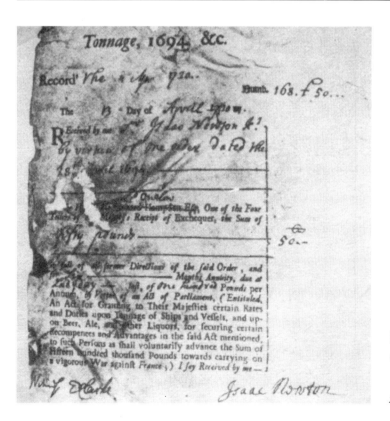

图: 牛顿手稿，右下有他的签名。

剑桥大学的校舍建筑因接纳、安顿和养育过牛顿、达尔文和麦克斯韦等一批伟人而身价百倍。

这才叫"人杰地灵"。人杰和地灵是相互依存的关系。

图: 在教堂装饰符号语言系统的背后是"数学的绝对美"。绝对美的背后则是"造物主—上帝"本人。它是看不见的。

深深被触动的余工用英文写了一句 *"The decorative Structure is beautiful."*（装饰结构是美丽的）的确，谁不赞叹装饰结构的优雅和壮丽呢？包括卷边牌匾和螺旋形柱式。（图片为基督圣体学院教堂内部）

King's college. house
University of Cambridge

图: 王家学院。

　　牛顿估计从这里走过或在此徘徊,构思他的数学诗句。"数学的构造" 或 "数学的建筑" 永远是数学家创造力的源泉。它是不会枯竭的!

　　其实整个宇宙也有个构造或建筑问题。"造物主—上帝" 才是最伟大的构造大师或建筑师。晚年的牛顿沉醉于神学研究,估计他意识到了这一点。

　　他心目中的上帝远不止是《圣经》里的上帝。在他看来,宇宙便是 "万有之屋",即 The Universal House.

图: 剑桥大小教堂建筑
估计启迪过牛顿把宇宙定
义为"万有之屋"。

因为他偏爱Universal
这个形容词,即宇宙的,万
有的。

数学的建筑或建筑的数
学构造可以综合为系统、完
整的诗论。

爱因斯坦相对论力学或
现代宇宙论才领悟到: 宇宙
结构为三要素: 时间、空间
和物质。

如果把宇宙看成是最浩
瀚的大教堂, 它便由这三要
素构筑而成。至于上帝的
起源正是这三要素的起源。

图: 剑桥, 上百年游弋在剑河上的传统平底船陈列室。每条船有自己的命名。

今天的剑桥人懂得从广义角度去观照荡舟。我们的地球便是在茫茫宇宙时空中一条日夜漂泊、永不靠岸的小船。牛顿时代, 还没有这种意识。

在别的星球上有像我们一样的智慧生命吗? 地球人在宇宙中是孤独的吗? 追问这个问题是21世纪剑桥大学精神的一个重要部分。这精神是与时俱进的。

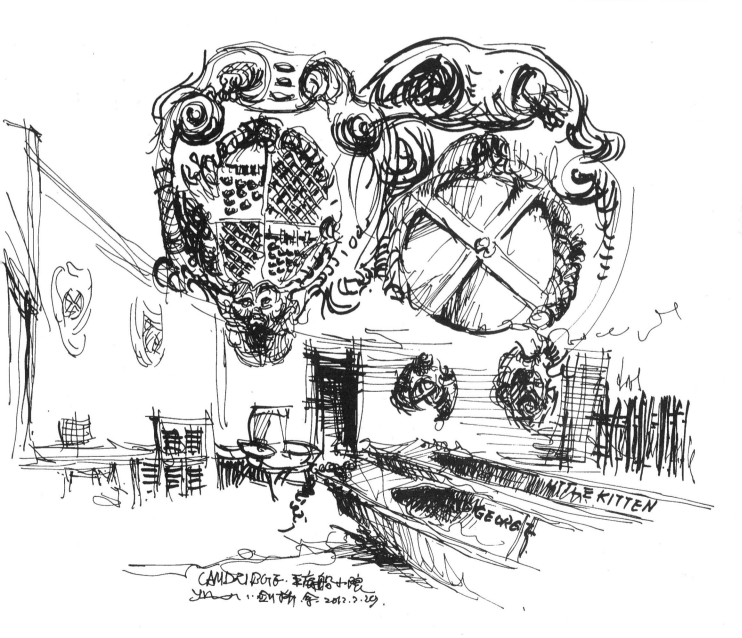

* * *

今天来看青年时代的牛顿，这个早产儿，这个先天不足的小个子，上帝却给了他一个天才的大脑，特别是数学的审美，即有关数与形的高阶和谐感和优雅感。前面所列举的一串无穷级数便很典型。即便是今天来审视，也是如此。没有这种独特的、出类拔萃的审美意识，起着筛选作用，能有牛顿的创造？

这也是剑桥大学历来推崇数学的原因。余工和我都赞成把它称之为"剑桥的审美"。它包括校园所有学院的建筑艺术，尤其是塔楼、竖窗，古希腊罗马柱式，还有教堂刺破飘浮白云的十字架，以及晚祷钟声，惊起三两只剑桥的寒鸦……

在牛顿85年漫长的一生中，23岁和24岁的大部分即这18个月是关键性的。——这是改变世界的18个月。

就在牛顿从剑桥毕业的那年，英国发生了淋巴腺鼠疫。这种被称之为"黑死病"的瘟疫从14世纪以来便在英国发生多次。这次剑桥决定停课，等鼠疫过去再开学。牛顿只好回到宁静的庄园沃尔索普。

在离开剑桥前，恩师巴罗告诉他一个好消息：在他返校时，院方决定他为大学选修课研究员。这样，他便可以免费住在圣三一学院，且有固定薪水，不必为衣食住行操劳，可以安心从事自然哲学研究。这对于一个学者，十分重要！（今天也是如此）

英国这场鼠疫虽夺去了成千上万人的生命，却给了牛顿足够的时间集中去探索微积分、万有引力和光学。——这是上帝在搞平衡吗？

有句谚语说：上帝在这里关了一扇门，却在别处开了一扇窗。

这是牛顿打开的自然哲学最高智慧之窗，它的亮光照亮了世界，直到今天。2012年8月25日，世界"登月第一人"阿姆斯特朗逝世。1969年7月20日，这位美国宇航员的左脚刚刚踏上月球，便说出了一句智慧格言，让整个人类记住：

That's One Small Step for Man, One Giant Leap for Mankind.（这是个人的一小步，却是人类的一大步）

2012年8月31日，美国为阿姆斯特朗举行国葬。读到这则新闻，我又想起"人类的一大步"，其中便有牛顿不可磨灭的贡献。没有他创造的微积分、力学和光学，人类怎能登月？人类一大步从何而来？

我们只有把当今世界、人类文明的功与过同好几百年剑桥大学的精神联系起来看，才能看透惊耀天下的剑桥！

关于微积分，牛顿在晚年回忆中说：

"这一切都是在鼠疫流行的两年（1665—1666）发生的。因为那是我一生中最旺盛的发明年龄，也是我一生最专心于数学和哲学的时期。"这哲学，指的是自然哲学。（Natural Philosophy）

在最早一本笔记本中，开始有"流数"（fluxion）的记载，时1665年5月，牛顿22岁。所谓"流数"即"流动的量"，是牛顿的一个专门术语。后来他对"流数"这个关键性概念作了如下解释：

"我把时间看成是连续流的流动或增长，而其他量则随着时间连续地增长。我从时间的流动性出发，把所有其他量的增长速度称之为流数；又从时间的瞬息性出发，把任何其他量在瞬息时间内产生的部分称之为瞬时。"

这便是牛顿试着用流数语言表述微积分的核心问题：

已知流量间的关系，求流数的关系；或者反过来：已知表示量的流数间的关系方程式，求流量间的关系。

今天我们从上面的论述中可以看出是牛顿有关微积分基本定理的陈述。毕竟它有含糊的成分。——这要等到18世纪一批大数学家来澄清、修正。（包括法国的哥西等人）这说明，一些重要科学概念的形成是艰辛的，漫长的，有如摸着石头过河。"能量"概念的形成便是这样。它经历了两百多年的摸索。

牛顿那个时代还没有形成"能量"（Energy），今天已成了常识。电视、电脑和电子计算机都是这样,"概念的形成"属于脑科学范畴,也是创造心理学。用英文表述"概念—形成理论"为"The Theory of Conceptformation"。牛顿在23—24岁大约18个月的时间内的天才创造现象即可用这理论大致上加以阐明。只有后来的爱因斯坦的创造才可同牛顿比肩。至于在音乐领域,莫扎特的作曲天才方才可以同牛顿相提并论。

我说过,数学和音乐是最富有人类性灵的创造。任何创造心理学的理论都休想勘破、穿透它。也许我们只有再次动用杜甫的说法才会得到比较满意的解释:

"诗应有神助。"

牛顿在家乡避瘟疫的灵感泉涌现象正是如此。他才是"但觉高歌有鬼神";或"思飘云物外,律中鬼神惊";"笔落惊风雨,诗成泣鬼神。"

借用杜甫的诗论,可以帮助我们走近牛顿的创造心理机制的奥秘。

1669年7月,26岁的牛顿发表了《分析学》这篇重要论文,其特点是把微积分的要害同无穷级数的方法紧密结合。

1669年10月,牛顿继巴罗任圣三一学院的卢卡斯讲座教授。1683年,牛顿将自己的卢卡斯代数讲义存入剑桥大学图书馆。后来,该讲义冠名为《普遍算术》(拉丁文为Arthmetica Universalis)关键词为Universalis,即普遍的,宇宙的,万有的。从中披露出了牛顿的哲学气质或心理倾向。他的万有引力(Universal Gravitation)也是这个意思,即宇宙引力。

2012年8月25日有则天文科学新闻说,"哈勃"太空望远镜拍摄到了球状星团,离地球3.3万光年,由大量恒星组成,这些恒星在万有引力的作用下聚集在了一起!

万有(宇宙)引力定律的发现永远与剑桥的牛顿英名捆绑在一起。当我清晰地意识到了这一点,陶渊明便会让我再次记起:

"其人虽已殁,千载有余情。"

按牛顿的个性倾向,他偏爱追求普遍的,万有的,全宇宙的,而不是什么个别、具体的。他喜欢玩大的:

Universal Meaning(普遍意义);Universal Algebras(泛代数);Universal Logic(泛逻辑);Universal Ethics(世界伦理,它应包括动物生存的权利);Universal Law(普遍世界规律);Universal Mind(宇宙精神)……

当然有些概念在牛顿时代还没有。上述概念极富有古希腊哲学精神,剑桥大学将它继承下来,并发扬光大。说到底,Universal也很有中国的"四文"或"四道"风骨、气魄或豪迈壮阔心胸。

牛顿像法国人韦达(近代代数之父)将代数看成是"变量算术",在代数中更加灵活、自由地运用变量。——可见,牛顿受韦达的影响有多深!他紧紧抓住变量,将它用在微积分中,成为活的灵魂,一以贯之。

牛顿在《普遍算术》中借助普遍变量进行计算。他凸显了代数的优越性,把未知量当作已知量,并由之出发去反推出未知量。——这便是《普遍算术》的高超之处和真谛。

按我的理解,代数的囊括力非常超拔、空灵。它遗弃了物质世界的全部质实,只剩下一个空筐。筐虽空,一旦当它返回现实物质世界,即可囊括一切,打捞一切,涵盖一切!

余工的线条便有清空、空筐、一网打尽建筑世界的味道。

我把它称之为"线条代数"或"万有线条"、"普遍世界的线条"。冲着这一点,我也愿配合他的建筑写生,做他的配角。这就像世界著名小提琴家海菲兹、克莱斯勒或穆特(Mutter)总有人为他(她)作钢琴伴奏,并以此为荣,为乐事。——这是"为艺术而艺术"的纯粹快乐。

2012年9月4日晚,我伏案写作的时候,突然悟出用"线条代数"或"万有线条"这个说法,即我的杜撰,我的术语,真有喜出望外的兴奋感。

图: 画家笔下不多的几根线条用来写生剑桥建筑, 具有牛顿代数囊括世界的魅力, 非常潇洒, 洒脱, 自由, 空灵。

他的线条构筑的"空筐"富有"曲终人不见, 江上数峰青"的境界。建筑手绘达到这个份上, 至矣, 尽矣, 无以复加矣!

这是余工的"线条代数"; 也是他的"万有线条", 很适合手绘朗诵剑桥大学建筑, 揭示剑桥精神。

牛顿代数的本质比算术更加空灵、空筐, 也更艺术, 富有艺术空筐结构。

CAMBRIDGE.
YU 余.

图: 这是为我所推崇的余工一幅建筑写生, 因为它空灵、飘逸, 把物质世界都蒸发掉了, 化成了近乎牛顿之后发展起来的抽象代数, 比如抽象群论。它以抽象结构语言在今天的数学世界占有一席重要地位。画家的线条是断的, 不连续的。

"群"这个概念的价值在于它扬弃了、舍弃了、抛弃了物质世界一切内容、实体和质实, 最后化成了绝对纯粹的形式, 把整个数学世界统一了起来。——这正是牛顿偏爱的形容词"万有"(Universal)。余工企图用线条确立艺术的绝对纯粹形式, 成为"线条代数", 成为剑桥校园建筑的代言人, 旨在传达剑桥大学精神。

图片为剑桥街。立式街灯很精神, 是余工的得意一笔。

整幅手绘体现了余工对透视学的掌握。

图: 圣约翰学院的百米长廊, 余工用线条, 用透视法, 表达、刻画了建筑空间感, 使我联想起牛顿手中的工具: 代数。

牛顿的个性、气质和思路特点是力图借助一个适用于普遍世界 (Universal) 的法则去概括所有零星的公式。他的代数方程数值求解的方法也叫 "万有方程分析"。余工的线条, 他所追求的最高目标, 也是 "万有线条" 或 "普遍世界的线条"。

只有这种囊括力、表现力很强的空灵线条才能面对剑桥大学建筑写生, 朗诵。数码相机的技术指标再先进, 也代替不了空灵。

图: 画家用线条勾勒出
剑桥的建筑世界一个个大
大小小的场域。线条语言
企图向牛顿的代数语言学
习, 借鉴。

在阅读牛顿传记和他的
论著的时候, 我仿佛听到他
的一句豪言壮语:

"先给我分析方法这条
腿, 再给我综合方法另一条
腿。我只有用双腿才能走
近上帝。"

余工估计也听到了这种
说法。如果他和我都年轻,
都想考进剑桥。他通过线
条去走近建筑世界背后的
数学绝对美。上帝便伫立
在这绝对美的背后。剑桥
大学的精神是通过不同途
径去走近同一个上帝。

cambridge.

一心境 3.4

* * *

也是在家乡避鼠疫的那18个月，牛顿仿佛有神助，发现了万有引力。

侨居在英国的法国大思想家伏尔泰（1694—1778）认识牛顿的外甥女凯瑟琳，从她那里知道以下真实的故事：

"1666年牛顿隐居乡间，一天他看到从树上落下了苹果，便引起了他的沉思：究竟是什么原因使一切物体总是被地心吸引，朝向地心下落？"

1726年4月15日，斯图克莱去拜访牛顿，并与他共进午餐："饭后，天气和煦，我们一起到花园苹果树荫下喝茶。他告诉我，许多年前，也是在同样的气氛下，他心中有了引力概念，那是由一只苹果落地引起的……"

熟透了的李子、桃子、苹果……落在地上；一叶落，也落在地上；当你射箭，箭飞了百米，最后坠落在了地上……千万人已司空见惯，一代人接一代人，不会发问。天才则不能。

天才就在于他对好像天经地义的现象提出质疑。

那天在苹果树下，牛顿一定对自己提出了一连串的拷问：

一只苹果从树上掉落，一定是地球的力量把它拉下来的！那么，地球的引力朝上可以达到多远呢？不管我们爬到多高的山上去，这一引力好像一点也没有减弱。是不是可以一直延伸到月亮呢？是不是也是这个力把月亮控制在地球的周围轨道上？后来牛顿在回忆中说：

"在那一年（1666年）我对引力的考虑开始扩大到了月亮的轨道上……"

这里正是牛顿的过人之处。他的卓越、大胆的想象力霍地来了一次飞跃，从地上跃迁到了天上，并向整个宇宙迈出了关键性的一步。——这便是Universal的胸怀、气度和视野。所以爱因斯坦说，想象力比知识更重要。

剑桥大学的精神正是推崇科学、艺术和哲学的想象力。它的校园建筑（包括多立克、爱奥尼克柱廊，圆顶傲然挺立、古典门廊、弓形的山墙和熟铁制的栏杆……）所营构的场域氛围或气候都有助于人们养育与"天地人神"相互缠绕的气质、感情和思绪。

英国乡村16—19世纪的庄园（包括墙表面布满了浅浮雕装饰的做法）是剑桥建筑艺术的源头之一。本书稿涉及这类图片符合"逻辑与存在"（Logic and Existence）最高法则。

牛顿使用Universal（万有）这个形容词来冠以该定律，意思是说，它适用于宇宙中的任何地方，或它涵盖了全宇宙的时时处处！

这只能是上帝权威的典型披露。

在家乡庄园幽静田野、草场和林地，惯于沉思的牛顿意识到，当地球在吸引苹果朝它落下时，苹果也在吸引地球，只是苹果的引力太小，没有人能觉察到！

这样，看上去只是苹果在"掉落"。——可见，看不见的比看得见的远为重要、永恒！

在牛顿的头脑里，关键问题在于苹果变成了月球，两者都被同一种力拉住，而且是具有超距的性质。

地球引力的大小必然随着与地球的距离而变化，越远越小。这里，数学语言作为主角又出现了！

图: 牛顿家乡那栋石屋。

从屋的品位来看，不是大户、殷实人家。牛顿为了逃避鼠疫，在这里创造了18个月，改变了世界。

牛顿是"以不变应万变"的生存方式走出了一条路，开拓了一个全新世界。他拥有数学物理语言符号系统，而宇宙正是这种系统（包括发现万有引力定律）游戏的存在。

从此，崇尚这种游戏便成了剑桥大学的传统精神。

图: 这是英格兰乡村另一栋古老的石屋, 设想在
那18个月, 牛顿估计也就是在类似的庄园分别在三
大领域完成了他的划时代创造:

微积分、万有引力和光学。

关于万有引力的发现历来有不少传说。苹果落地
的灵感, 并不是虚构。石屋的庭院有苹果树, 这是真
的。苹果落地这一司空见惯的物理现象或事件却深
深触动了牛顿的联想……

图: 这也是英国乡村一栋古老的石头宅第。英文有句智慧箴言说:

"*Great Idea Makes Great Man.*"(伟大思想造就了伟大人物)

牛顿把微积分、万有引力定律和光学定律这三个伟大思想集于一身,发生在同一时期,故被后人称之为"奇迹年",那是极妙参神、入神、出神入化、有灵物护之的结果。

(图片的*House*对剑桥学院的建筑风格影响是不说自明的)

图: 圣约翰学院中门曲体雕刻艺术, 打动了余工。

好几百年, 这种建筑语言符号系统有助于学子养育成科学、艺术和哲学的想象力。——这是创造力的心理基础。它属于创造心理学现象, 少不了有无法穿透、无法洞开的神秘元素。——这正是建筑诗的魅力:

文所不能言之, 诗则能言; 文善醒, 诗善醉。牛顿在构思"万有引力定律"时的精神状态宛如醉, 即白日梦幻状态, 也就是睁开眼做日梦。这是牛顿的天机之发, 不可思议!

图: 剑桥大学一座学院的教堂。

　　牛顿在剑桥大学呆了35个春去秋来，这里的一砖一瓦、一草一木，
已经镶嵌进了他的每根微血管里，有助于他的想象力形成，特别是他的
Universal的精神视野。

　　建筑的本质是用建材写成的诗集。这里的书是广泛的。读书万卷始通
神。悟出"万有引力"是通神的结果。

　　图：又一学院建筑场域无言之诗的凝固。

　　对于牛顿，伽利略、笛卡儿和韦达……的经典固然第一重要，但剑桥大学校园和他的故乡庄园的建筑所营构的场域作用力也不可小视。

　　所有大小力，合而一股，铸造了牛顿和后来一大批剑桥人的成就，归根到底是弥漫着"天道地道人道神道"四重道结构的养育，即"天文地文人文神文"的大气候。

　　余工善用日光阴影透视图和"光影之中"的建筑符号语言，传达剑桥的校训，非常生动，且富有一层瑰丽的浪漫色彩。

图: 三一学院的苹果树, 即牛顿苹果树。余工用英文写在右下角。

苹果落地成了牛顿发现万有引力定律的灵感源头, 故后人争先恐后要抢到这处文物遗址。这是世俗的通病。

传说总有不可靠的地方, 但牛顿把苹果落地现象霍地推广到太空天体范围却是天才想象力的披露。这是牛顿用神听宇宙 (Universal) 音诗的结果。

我国古人说:"上学以神听, 中学以心听, 下学以耳听。"剑桥大学精神是教学子以神听。剑桥校园建筑语言符号系统首先是为了让师生能容身, 安顿下来, 有教室, 有膳厅, 但最高目的则是有助于"上学以神听", 听到"天文地文人文神文"的声音。

"万有引力定律"便是这天道和地道的音响化之一。

牛顿的推理如下：

地心引力的大小与距离的变化关系究竟怎样？（这里涉及"定量的道"）

牛顿不断地追问自己，自问自答，本质上是他提问，"造物主—上帝"回答。经过多次计算（当年的计算精确度肯定比较粗糙），牛顿深信，物体距离地球越远，地心引力便越弱。最后他便得到了著名的平方反比定律。

上帝偏爱用数学定量的语言朗诵它的"强力意志"。牛顿听懂了，并记录了下来，写在自己用惯了的笔记本上。这里有最重要的三点：

第一，该定律不仅对地球上的物体起作用，而且也适用于无边无际、浩瀚的宇宙空间。不过时至今天的21世纪，天文学发现，宇宙之外可能还有宇宙。我们所说的、能测量到的宇宙仅仅是整个宇宙的一部分。事实上，渺小的、极有限的人脑有资格谈论"整个"宇宙吗？这就像一只井底蛙有资格议论世界吗？牛顿发现的定律也适用于宇宙外的宇宙吗？

看来，牛顿的伟大在于他大胆地确认，地球吸引苹果落地的力，和地球吸引月球每月环绕地球转一圈的力是同一个力！（该定律适用于宇宙任何地方）

第二，牛顿认为，万有引力存在于任何两个物体之间，而且是超距的，即不通过任何媒介！

在当年的牛顿头脑里，肯定意识到超距里头有种神性。从这时候起，牛顿直到死，便在暗中追问：

"Is there a God?"（上帝是否存在）

关键问题是有关上帝的定义是什么？后面我会讲到。可以说，牛顿追寻的上帝是哲学的上帝，它是剑桥大学精神的核心所在。当校园的教堂钟声此起彼伏地响起，清振四周的林木，有心的学子便会站在一处不动，仰望天空，想起自己这一生的使命，再次确认：在我们短暂的一生，毕竟有超越自己生命价值的神圣、庄严和崇高的万物存在！

若要我说得彻底、露骨一点：

我国大学校园建筑同剑桥大学建筑的最大差距是我们没有低沉、共鸣的钟声在校园内远播！

补救的办法是：能否造个30米的高塔，有个报时的大钟，节奏要缓，一下一下。它才是个标准的"空筐"。往筐里填放什么，由听者的内在素质（视野的广度和深度）而定。

造这样一个教堂大钟的代用品是否可行？

第三，万有引力定律的基础是由牛顿奠定的。这是他的不朽业绩。作为一个人，显示了人脑的想象力是多么了不起！

人们常说，诗人的想象力可以上天入地，其实牛顿才是17世纪英国剑桥最伟大的"数学物理诗人"。（The Mathematical-physical Poet）

可见，剑桥大学精神推崇广义的诗：

野鹤一辞笼，虚舟长任风。

牛顿为万有引力奠定了基础，但探索远没有结束。在继承者爱因斯坦的灵感中，引力不再是两个物体之间存在的神秘超距作用，而是时空的弯曲。

自牛顿发现该定律以来，人们一直在作些推广、修正，甚至提出质疑。1988年《Science》杂志便发表了R.Pool的文章："牛顿错了吗？"实验物理学家在很深的矿井进行引力的测量，发现数值并不准确地符合牛顿的概念。因为深井附近物质密度的差异会导致引力场的变化。地球质量密度变化非常复杂。比如在铁矿矿脉，它的吸引力便比周围的岩石要大。——当年的牛顿是

图: 剑桥校园大小教堂钟声阵阵是种隐喻:

在我们既短暂又脆弱的一生中, 的确有种超越个体生命价值的东西存在。

剑桥教堂钟声比别处的钟声更为神圣、庄严和崇高。因为它是剑桥大学精神的音响化, 多了几分智信, 少了一些迷信。对万有引力定律的制定者的敬畏便属于智信, 同迷信毫不沾边!

牛顿在剑桥生活、工作了三十五年, 这里的钟声不会触及他的灵魂吗? 当钟声阵阵, 他会低头沉思, 追问万有引力定律的制定者究竟是谁?

可以说, 教堂钟声才是剑桥大学建筑最富有哲学内涵的一道壮丽风景。所以它也成了余工写生的主要对象。很遗憾, 绘画线条无法表现声波的振动, 于是成了空筐, 更进一步煽动了读者的想象力。

the great Mary church 余工十月.

否考虑到了这一点？

　　1972年美国杰出物理学家温伯格（S.Weinberg）出了一部厚厚的名著《Gravitation and Cosmology — Principles and Applications of the General Theory of Relativily》（引力论和宇宙论——广义相对论的原理和应用）。

　　整本书的核心是牛顿万有引力定律的推广。

　　温伯格强调牛顿把引力描述为作用在太阳与行星上的一种力，它按其所包含的物质数量向各方传播到无限远，而且总是与距离的平方成反比地减小。

　　可见，"造物主—上帝"说的语言是定量的数学语言。哪里有代数和几何（数与形）的统一，哪里便有上帝。——这给了牛顿刻骨铭心的印象。这印象如同一首赞美诗，缠绵悱恻，回肠荡气，把剑桥大学对数学的敬而畏之精神推向了"宇宙宗教感情"（The Cosmic Religous Feelings）。

　　这才是剑桥精神最闪光的地方。

　　如果说，剑桥是出广义、宽泛大诗人的校园，那么，那里的千古绝唱生成必有神助，有神到场。

　　今天21世纪视野更深广更精微的宇宙论肯定把三百多年前的牛顿定律看得不够十分完美，也不是绝对真理。但是任何一门科学，为了向前推进，又一定要把几个关键性的概念看成是"绝对的真"，即便是临时性的。之后，再一步步向绝对逼近。（从相对到绝对）

　　所谓绝对真理，即是上帝，也是我一再提到的"四文"或"四道"结构。

　　这样，当剑桥校园教堂多处暮钟断，半桥残月明，或是冬日闻钟后，浑身带雪归的时分，剑桥学子便会记起这句格言：

　　追寻科学、艺术和哲学的真谛，寻求"天地有大美"，只能永远走在朝圣的路上：从相对不断地逼近绝对。——这才是剑桥精神。

图：整个剑桥是校园四百八十寺，多少钟楼映草中！

对线条诗人余工，最触目、触耳、惊心动魄的，莫过于崇高、庄严、神圣的钟声。它好像在暗示和告诫：

没有十全十美、绝对真的概念。一切概念都是临时性的脚手架，也是暂时性的浮桥。但允许"过河拆桥"。不过桥像盐，盐溶于水中，虽看不见，却处处在。

在从相对向绝对真理逼近的朝圣之旅中，牛顿的理论也是"桥"。在他之前，还有开普勒。在他之后有爱因斯坦的广义相对论。那也是临时性的桥。最终下场也是被拆。一切拆是为了通向绝对。这便是剑桥追寻的哲学的上帝的要害。

　　图：剑桥校园大小教堂钟声应是大学精神的音响化。那是一个绝妙的声音符号。它是暗示，也是隐喻：

　　人，应有席卷天下、包举宇内、囊括四海之意，并吞八荒之心。

　　我国明代吕坤有言："做第一等人，干第一等事，说第一等话，抱第一等识。"——这才是剑桥大小教堂钟声对一代代学子所说。

小圣玛丽教堂
Peter's college church
剑桥 邻近
2011.3.6 cambridge   Little st. mary's church.

＊ ＊ ＊

也是在那18个创造奇迹的月，暗中好像又有神到场，牛顿产生了"光谱"概念，时1666年。

他用棱镜开始做实验，即他的"实验哲学"。

"我设法弄到了一个三棱镜，用来试验著名的颜色现象"，后来牛顿这样回忆往事。

"把我的房间弄成黑暗，在百叶窗上开个小孔，让适量的太阳光射进来，我把我的三棱镜放在光线进入处……"

今天，每本大学有关光学的教科书在讲到"基本光学现象和光的本性"这个永恒课题时，都不可回避地要论及牛顿的理论。这便是自然界颜色的多样性。

当牛顿在房间里让白光射进来，透过三棱镜后便见到了世界上存在着的所有颜色的光！关于自然界中的虹霓现象，自远古以来，人们就企图用"因果律"去加以解释。《圣经》说，虹霓是上帝同人类订盟约的一个印章——多壮丽的印章啊！

从自然哲学角度去看，这种说法也是一种有关因果律的"理论"。——剑桥大学的精神恰恰是在推崇这种理论。

因果律与统计律的交叉，编织，成为一个"十字架。"

牛顿的天才在于追问：为什么虹霓现象的发生总是与雨天有连带（因果）关系？

牛顿已领悟到，在虹霓中，雨点的物理作用相当于三棱镜的光学作用。不过牛顿的光学成就仅仅是迈向上帝的最初一步。今天，光的本质还在纠缠住人类的头脑。中世纪最伟大的基督教神学思想家奥古斯丁（354—430）有句名言：

灵魂是眼镜，上帝是光。（God is Light）

谙熟古代经典的牛顿，不会不想到这句智慧格言。

他认为，他做光学实验，加上动用几何和代数语言予以描述和解释，实质上是在同上帝私密性地交谈。他提问，大自然—上帝（Nature-God）作出回答。神说的语言是数学。听懂神的语言，一定要懂数学。在那创造奇迹的18个月，牛顿处处都被引向这样的追问：存在着上帝吗？

最后他把他的追问写进了他的代表作：《自然哲学的数学原理》。这是一部划时代的巨著，体现了剑桥大学精神，为人类灿烂的思想星座，引导我们走出黑暗："有第一等襟抱，第一等学识，斯有第一等真诗。"

牛顿这部代表作正是天下第一部自然哲学真诗集。书中字里行间弥漫了对"造物主—上帝"的敬而畏之。

牛顿的"实验哲学"也可以说是"实验的道"。正是它把剑桥大学精神同我国书院精神区分了开来。

图: 牛顿用三棱镜做光学实验的示意图。

这是培根所提出的"判决性实验"的典范。在牛顿自然哲学中，它具有重要作用。推崇它加上敬畏定量的数学语言成了好几百年剑桥大学精神的核心力量。

直到今天21世纪，这一力量还在推动、支配人类文明之旅。把人类从重重危机中拯救出来在很大程度上还要指望这力量。正是剑桥大学为营造这种力量的结构扮演了重要角色。

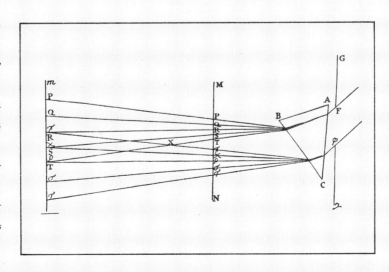

图:《自然哲学的数学原理》拉丁文第一版(1686年)。

牛顿这部著作成了"造物主—上帝"的代言人。

神不会亲口说,只好托梦,让牛顿替它说。

所以哈雷说牛顿比任何凡人更接近神。因为作者在《原理》这部书中所朗诵的内容尽是些"上帝王国"的那些事,包括行星(如彗星)在椭圆轨道上的运动。归根到底如牛顿自己在致读者的序言中所说:"努力使自然现象从属于数学定律:因此这一专著的目的是推进数学,直到它涉及哲学为止。"

这与我国的道哲学闭口不谈数学形成了鲜明对比!

明末、清初,我国的道哲学依旧是不着边际的海口浪言:

"通人物,达四海,塞天地,亘古今"为常道。

这类肥皂泡的话语听起来很绚丽,壮观,毕竟落不到实处,等于空谈,是张巨额的空头支票,无法兑现!

PHILOSOPHIÆ

NATURALIS

PRINCIPIA

MATHEMATICA.

Autore JS. NEWTON, Trin. Coll. Cantab. Soc. Matheseos
Profeſſore Lucaſiano, & Societatis Regalis Sodali.

IMPRIMATUR·
S. PEPYS, Reg. Soc. PRÆSES.
Julii 5. 1686.

LONDINI,

Juſſu Societatis Regiæ ac Typis Joſephi Streater. Proſtat apud
plures Bibliopolas. Anno MDCLXXXVII.

中世纪大神学家奥古斯丁提出"光即上帝"的命题是先进。若是到了17世纪西方人还在抱住这个命题不放,说些不着边际、空洞无物、落不到实处的空话,便是迂腐了,便不会有后来的光学,更不会有剑桥大科学家麦克斯韦的电磁理论同光学的融合、统一。

联系我国的道哲学历史便没有完成西方的这种转变。17世纪我国思想家黄宗羲(1610—1695)和王夫之(1619—1692)还在一个劲地老弹重弹:

"道一也,在天则为天道,在人则为人道。"(王夫之)

这样的话,说了一大堆,还是"空虚无着"。时至17世纪(清代顺治和康熙),我国书院从没有人提出过这类拷问:

战争时开炮,为什么先看见炮火的光,后听到炮声?光有速度吗?速度究竟是多少?光的速度肯定大于声的传播速度吧?

自然界的各种颜色的本质是什么?仅用一个"道"便能解释一切吗?说一句"盈天地间皆道也"便万事大吉、吃得下、睡得着吗?

我国书院可以心安理得,蒙头呼呼大睡,但剑桥大学的学子有些人则为一连串的叩问、拷问经常失眠,最后自制仪器,去进行实验……

进入21世纪,这个古老的中世纪自然神学(Natural Theology)命题"光即上帝"决没有过时,也永远不会过时。

今天,光的本质已经同引力场、反物质等概念纠结在一起,上升到了一个新阶段,向绝对真理又迈进了一步。但离上帝却更远了……

人们发觉,科学家向上帝好像走近了100米,上帝却后退了110米……

在剑桥大学听钟声,仿佛富有"清心听镝"的况味。

* * *

1684年8月,英国数学家、天文学家哈雷(1656—1742)到剑桥拜访41岁的牛顿,向他请教如何决定天体在与距离平方成反比的力的作用下的轨道问题。他鼓动牛顿把他的多年研究成果公诸于世。于是1686年7月5日《自然哲学的数学原理》一书问世。原文为拉丁文。1729年出英文版:

《The Mathematical Principles of Natural Philosophy》。

这部划时代的巨著把剑桥大学精神(偏重理科的

Great st mary's
church - cambridge

图: 当阳光透过剑桥伟大的圣玛丽大教堂彩色玻璃窗, 射进内部空间, 牛顿一定想起他的光学实验, 想起奥古斯丁这句格言: 上帝即是光, 光也是上帝。

他和他的后继者们, 一代人接一代人, 动用高深尖的实验仪器和先进的数学语言, 包括后来的光子统计学、普朗克公式、光谱线的精细结构和海森伯测不准原理……都在论证 "Light is God" 这个神学命题。——这才是自然科学的最高境界, 极玄之域。

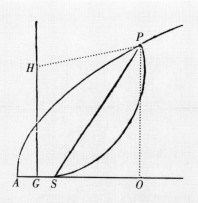

图: 这是牛顿在《原理》一书中为了借助于几何图形的简洁性和大美所作的图解, 总数有上百幅! 由此可见他对几何学的推崇! 早年笛卡儿对他的影响是很明显的。也可以说, 牛顿爱几何方法甚于纯分析方法。

步入晚年, 牛顿曾萌念集自己一生几何学研究之大成出本《几何学》, 但没有完成。毕竟他是一位几何学大师, 后人对他在该领域的了解并不充分。

倾向)凸显了出来。该著作有如下特点:

1. 哈雷在致牛顿的献辞中赞美这本数学—物理学著作为"我们时代和民族的伟大荣耀"。

2. 哈雷说, 此书研究了高天的规律、大地隐秘的钥匙和万物不变的秩序; 说牛顿"比任何一个凡人更接近神"。

3. 整本原书共三大主题: 日、月、星, 即天道、地道和神道。

4. 在书中(以下简称《原理》)牛顿制作了上百张几何图解, 包括椭圆轨道。

作者不遗余力给微积分披上了几何外衣, 奠定了物理学的几何证明基础。或者说, 牛顿努力让自然哲学说着流利的几何学语言。更全面、更正确的说法是:

"数学科学的方法是双重的, 即综合与分析, 或叫合成与分解。"

关于代数与几何, 牛顿的观点是: "这两门科学不应混淆。"混淆的恶果是"丧失了体现几何美的简洁性。"(牛顿语)

牛顿致力于代数与几何的结合, 两条腿走路, 不断逼近"The Absolute Beauty of Mathamatics"(数学的绝对美)。上帝本人便伫立在这美的背后。(代数和几何这两者一旦在牛顿手中相遇, 如胶之投漆, 相得无间, 倾倒之至)

牛顿高度赞美几何语言演绎的作用:

"从极少数的原理出发, 能推出如此丰厚的成果, 正是几何学的光荣。"

5. 在《原理》一书出版的致读者序言中, 牛顿说了一些非常重要的话, 其中有如下几句:

"……努力使自然现象从属于数学定律: 因此这一专著的目的是推进数学, 直到它涉及哲学为止。"

"所以我奉献这一著作作为哲学的数学原理。"

牛顿企图通过数学原理来"说明宇宙系统", 或者说"寻出行星的、彗星的、月球的和海洋的运动。"牛顿力图把"实验哲学"安放在数学原理之上, 从而把剑桥大学精神与我国书院精神严格地区分了开来。

在序言中, 牛顿的落款是"1686年5月8日, 剑桥, 圣三一学院", 距今已是326年。

今天(2012年)来看牛顿在当年提出的理论, 肯定有不够精确的地方, 但大方向是对头的:

"……推进数学, 直到它涉及哲学为止。"

牛顿所说的哲学, 其所止不可再前进一步的极限即"哲学的上帝"。(The Philosophical God)

于是牛顿式的无止境探索便成了剑桥大学高高飘扬的一面旗帜, 发为慷慨悲歌, 多豪健英杰之气, 为余工和我所推崇, 心响往之。

图：手绘建筑画家余工用空灵、简约的线条给剑桥校园的螺旋梯子来了个特写，并写下了"升级如是"四个汉字。

这螺旋是牛顿自然哲学一个凸显符号。牛顿以及坐标的形式语言给出了阿基米德螺旋线和费马螺旋线方程：$\frac{a}{b}x = y$；$x^2 = by$。

因此，牛顿是极坐标（包括双极坐标）的创始人。

其实余工的手绘艺术便有几何学坚实的基础，特别是透视画法数学理论。他的线条和画面同剑桥的建筑艺术世界是融汇在一起的。

很遗憾，17世纪我国的书院见不到几何图形语言，仍旧是千年不变的风声、雨声和读书声：

"道本无体，……那无声无臭便是道。"

又说，道者即所谓的太极；道即万物产生的本原，是宇宙的最高本体。

尽是些空话、大话、废话连篇！自牛顿始，剑桥自然哲学实验即从光、电、声、热、力……现象分析拉开帷幕……

* * *

刚过三十而立之年，完成了一生所有决定性的重大发现的牛顿，在致胡克的信中说出了一句流传后世的格言：

"如果我看得更远些，那是因为我站在巨人们肩上的缘故。"（1676年2月5日，牛顿三十三岁）

这才是剑桥大学精神之所在：

"青，取之于蓝，而青于蓝；冰，水为之，而寒于水。"（荀子·劝学）

人类文明之旅（向前推进的动态）结构只能是后人继承前人的遗产，并将其发扬光大。

剑桥大学教堂、校舍的尖屋顶、塔楼和天际线像是一个感召力极强的命令句：

年轻一代的剑桥学子，勇敢地踏着前人的尸体，超越他们，才是对恩师最高、最好和最有礼貌的尊敬！

这才是中国人格言的真谛：先生滴水之恩，学生涌泉相报！

自牛顿提出他的引力理论已有300多年。这门学科向前发展了。今天我们知道自然界有四种力：

引力（使苹果落地和星球旋转）；电磁力；主导放射现象的弱力；维系原子核中各微粒的强力。

如何整合广义相对论和量子力学这两大理论，将它们统一起来，是摆在21世纪科学家面前的一道难题。——在引力场和电场之间要架设起一座无形的桥，即万有之桥（The Universal Bridge），符合剑桥大学的精神。

当剑桥教堂暮钟响起，君问桥下水，唯见晚霞外，剑桥学子定会记起"普遍世界的桥"（The Universal Bridge）必定存在。因为上帝才是最伟大的建筑师兼桥梁大师。

牛顿有关"实验哲学"的思想，以及他关于物理理论的目的和结构（The Aim and Structure of Physical Theory）同样是一位伟大的先驱。他说：

"自然哲学的目的在于发现自然界的结构和作用，并且尽可能地把它们归结为一些普遍的法则和一般的定律——用观察和实验来建立这些法则，从而导出事物的原因和结果。"

在剑桥大学校园仰观俯察，人们好像用心眼和神眼能见出有面高高飘扬的旗帜，上面正好写着牛顿这个命题。事实上，好几百年，引导西方科学走在康庄大道上的，正是伽利略和牛顿确定的自然哲学最高纲领，包括1953年DNA在剑桥实验室里发现。

牛顿的微积分这一划时代的全新计算方法首次公开发表便是在《原理》一书中。他把几何形式的微积分——这种上帝偏爱说的Universal的定量语言——用于引力、流体阻力、声、光、潮汐、彗星，直至宇宙体系，充分披露了他的Universal的心胸、志气和风骨，既浩博又沉雄且瑰丽，奠定了他在剑桥大学精神领袖的地位。

另一位领袖人物便是生物学领域的达尔文。

牛顿和莱布尼茨各自发明了微积分。1701年，在柏林的王宫，当普鲁士王后问到如何评价牛顿时，莱布尼茨回答：

"纵观有史以来的全部数学，牛顿做了一半多的工作。"

今天我们方能看清，牛顿和莱布尼茨这两个人都是伟人。

进入暮年的牛顿，最后回归并沉醉于神学。

尽管牛顿的上帝概念很复杂，但我想用他的后继者德国大哲学康德的"十字架"这个符号来加以说明还是中肯的，贴切的：

横坐标为自然律，纵坐标为道德律。

这个黄金十字架庄严、神圣、崇高地树立在"上帝的王国"或叫"上帝的整个王国"（分别写成德文是Das Reich Gottes;Das Ganze Gottesreich）。

只有在大地上矗立起这个"十字架"，落实到实处，当代人类文明才有望得救。

横坐标是"必须"；纵坐标是"应该"。

合在一起才是中国传统哲学的"道"，这才不空洞。

有了这个落到实处的"十字架"，结合中国的天道是万物的本原，人道则是人应该遵循的道德规范和行为准则，这时，也只有在这时，王夫之（比牛顿年长24岁）的命题才成立：

"道以阴阳为体……终无有虚悬孤致之道。"

The new building of Gonville & Caius' college, Cambridge. 剑桥

图: 贡维尔及凯斯学院（建于1348年）的新校舍。

即便在这里的屋顶上空也隐隐约约有牛顿一生无止境地追寻"哲学的上帝"这面旗帜在迎风招展。——这里有"剑桥大学精神"的披露。

有本1980年出版的牛顿传记叫《Never at Rest》（剑桥大学出版社），书名准确地刻画了伟人的一生："生无所息。"（孔子语）于是中国传统哲学有价值的元素加入了剑桥大学精神。这样，它才适用于全世界。

图: 当你走过这里, 仰头欣赏窗的造型, 忽然意识到暮钟传来, 你会站在一处不动, 若有所思, 记住你这一生的崇高使命, 去揭示 "世界普遍的桥" (The Universal Bridge), 它也包括把 "四文" 或 "四道" 联结起来。

21世纪最伟大的哲学课题正是把 "天文地文人文神文" 或 "天道地道人道神道" 联成一座无形、黄金的桥。

没有这桥, 剑桥大学精神便是空的。

请注意余工笔下的大树。他对我说过, 他热爱剑桥校园大片、高高、粗壮的树, 尤其是阳光透过空隙, 那光线斜射, 加上教堂钟声在回荡, 从远处传来, 心中便会对神有种感悟。——这神只能是自然律加上人间道德律。前者是 "必须", 后者是 "应该", 合在一起是 "敬天爱人"。这才是剑桥所追寻的哲学上帝的内涵。

CAMBRIDGE
吴心金 2012.2.24金钟楼

University of Cambridge Old schools site.

图: 剑桥校园一景, 尽是英国建筑艺术的雄丽之语, 给人石破天惊逗秋雨的诗意感。

隐约中, 细心人可以见出仿佛有面高高飘扬的旗帜, 上面写着牛顿的自然哲学最高纲领。事实上, 好几个世纪西方的自然科学探索正是在剑桥这面隐性的旗帜指引下向前推进的。不过也闯了大祸。当代西方工业文明能持续发展下去吗? 大自然—上帝 (Nature-God) 只能接受、允许绿色的人类文明。我们能退回到牛顿以前的世界吗?

图: 余工用线条编织的光影之中的剑桥教堂内部。

画家在画面上方空白处写了这样一句:"教堂充满着爱空间。"这爱是大爱、博爱和泛爱。这里也用得着Universal这个形容词。它不仅要爱人,也要爱野羚羊,特别是怀孕的羚羊,以及旅雁、梅花鹿、蚯蚓……

这便是"以宇宙万物为友,人间哀乐为怀。"

这才是剑桥大学精神所追寻的"哲学的上帝"。

这也是余工和我所吟唱的主旋律。

当然这只是康德十字架的纵坐标道德律。完整的说法是加上横坐标自然律(Natural Law)。

* * *

多部牛顿的传记里有不少关于他的轶闻趣事。比如他心不在焉是出了名的。他起床后忘了穿衣，一连几个钟头呆坐在床头想心事。

有一回，牛顿约朋友吃晚饭，他自己却迟迟不到。朋友饿了，把自己的和牛顿的那份饭都吃了。最后牛顿来了，看着那个空盘子，以为自己吃过了！

他忘了吃饭是常事。

有人问他，究竟是怎样做出那些重大发现的？

"老是想着那些问题；心里总是装着它们，等着出现最初的一线亮光……"

他终身未娶，因为他对那件事不上心。或许他把女人也忘了！——这可不是剑桥大学精神。

牛顿一心追寻"宇宙—上帝"（Universe-God），那是他唯一的安顿、眷恋和寄托。果真如此，牛顿的人生便不是尽善尽美的。

在某种意义上牛顿是献身于"造物主—上帝"的神职人员。我想起中世纪一首"修女歌"：

我不思恋爱情，

任何男人我都不需要；

　　我一心想念上帝，

　　他是我唯一的依靠。

这可不是剑桥大学精神。

追寻哲学的上帝与男女相爱，建立家庭，点起家室的炉火，生儿育女，并不矛盾。

牛顿是个长不大的孩子。他有他的玩法和自得其乐。他在临终前说过：

"我不知道，世人怎样看我；但我自己觉得，我不过象一个在海滨玩耍的小孩，为时而拾到一片比寻常更为莹洁的卵石、时而拾到一片更为绚丽的贝壳而雀跃欢欣，对于展现在我面前的浩瀚的真理的海洋，我却茫然无知。"

* * *

1696—1699年，牛顿任造币厂督办和厂长，年薪高达1 500镑，这在当时是一笔巨款。他善于理财。这个特点同他心不在焉沉思自然哲学的出世这一个性形，成了鲜明对比。

他的漫长一生可以用六个字（两句）来概括：

出于道，入于儒。

此处的"道"为"天道地道人道神道"。

这不正是剑桥大学精神所在吗？英国历史上有多位首相、国王和王子也是剑桥毕业生便是入世的明证。

也许一个健全、完整的人生应是这三者的交织：

以儒治世，以道养身，以佛修心。

或者说：入于儒，出于道，逃于佛。

因为人活在世上太难，做人太难，只好做个"机会主义者"，用三个不同侧面去分别应对命运，见机行事。

这不恰恰是剑桥校训中所指的"智慧之源"吗？

当然，这只是今天一个中国人对剑桥这个"文本"的解释。我推崇孟子的风度气概：

"天下之本在国，国之本在家，家之本在身。"

也许，今天我更赞美做一个忧国、忧民、忧地球的世界公民！

图: 余工用富有诗意的黑白线条, 编织了光影之中国王学院标志性建筑。画面在本质上是个 "空筐"。当教堂钟声响起, 或泛舟剑河, 在林中小道独行时, 每个人的思绪是各各殊异的。

我们无法知道三百多年前牛顿在剑桥夕阳中漫步时在想什么? 今天一个具有中国传统哲学背景的人聆听到这里回荡的钟声, 会想起牛顿85岁的一生。我们该用怎样一句话来概括、总结他呢?

我赞成用以下两句:

1. 在凡人中, 没有比牛顿更靠近神了。

2. 出于道, 入于儒。

毕业于剑桥的英国数学诗人泰勒

泰勒（B.Taylor.1685—1731），仅活了46岁。16岁他进了剑桥大学圣约翰学院。

他的成就有多个。第一个是提出了后来以他的姓氏命名的著名公式，即任意函数的泰勒公式展开：

$$f(x) = f(a) + (x-a)f'(a) + \frac{(x-a)^2}{1 \cdot 2}f''(a) + \cdots$$
$$\cdots + \frac{(x-a)^{n-1}}{1 \cdot 2 \cdot 3 \cdots (n-1)}f^{(n-1)}(a) + \frac{(x-a)^n}{1 \cdot 2 \cdot 3 \cdots n}f^{(n)}(c)$$

这一公式或叫定理也可以写成：

$$f(x+h) = f(x) + \frac{f'(x)}{1!}h + \frac{f''(x)}{2!}h^2 + \cdots + \frac{f^{(n)}(x)}{n!} + \cdots 。$$

今天，在全世界每本大学微积分教科书上都有这个如海珍珠亮晶晶的公式赫然在目！在本质上，它呈现出了优美的建筑结构，发出和谐之音、正雅之音、典丽之音和壮美之音。——这叫韵长不绝，渺远可爱，浑然不散。

他是继牛顿之后又一位用无穷级数写诗的剑桥数学诗人！

在泰勒公式里头隐藏着"数学的绝对美"，恰如从剑桥校园建筑艺术中发出和谐之音，弥漫着一种神性。

可以说，在剑桥校园建筑群里头深藏着无穷级数的音韵或律动。

剑桥是出广义诗人的地方。这才是"人杰地灵"。

青年时代，为了吃透泰勒公式，我找来三本不同作者写的《微积分》，不尽相同的论述方法或换种说法，有助于我咀嚼、消化和把握这首数学诗。(The Mathematical Poem)

从17世纪巴洛克时代以来，剑桥大学便成了盛产"数学诗"的圣地。那是牛顿开的头，挖出了一口甘井，总是往外不住地喷……

校园内的建筑群（包括每栋屋的装饰要素，螺旋形柱、天花板的挑檐、凹壁和凸肚窗等）所营构的大气候也有助于剑桥数学诗的酝酿，生成。

泰勒谈起过这个公式的诞生经过，说有一回在"儿童咖啡馆"（ Child's Coffee House ）听到他的剑桥数学导师梅钦（J.Machin）有关用"牛顿级数"解Kepler（开普勒）问题的一席谈话受到了启发才做出来的。

可见，好几百年咖啡馆的氛围或气候成了整个欧洲（当然包括剑桥）科学、艺术和哲学创造的发祥地之一。从那里，我仿佛听到有这样一句类似于生命哲学的格言隐隐约约从窗口飘来：

为了科学、艺术和哲学的创造而喝咖啡；因品尝咖啡，才特来情绪，去琢磨科学、艺术和哲学的奥秘。

这时，有古老教堂的暮钟从远处飘忽而来，剑桥上空更增添了晚秋萧瑟的氛围。诗人借大气候，写大我之情，抒发对天地之感悟，动用空灵的数学符号语言把函数展开成无穷级数……

在18世纪，有很长一段时间欧洲科学界并没有认识到泰勒公式的卓越价值以及它在许多领域有着广泛应用——当时随着地理学、航海和天文学的蓬勃发展，迫切要求三角函数表、对数表和航海表的数值有较高的精确度。这是时代精神的需要。

泰勒公式的重大实用价值还是后来由法国伟大数学家拉格朗日（J.L. Lagrange,1736—1813）见出的。正是他指出了该公式为微积分的基本定理，并视其为自己的工作出发点。18世纪末，拉格朗日给出了泰勒公式的余项表达式（通常称其为拉格朗日余项），并指出，若不考虑余项，就不能用泰勒级数。

泰勒公式的数学逻辑严格证明还是在它诞生一个世纪之后由19世纪法国的哥西（A.L. Cauchy, 1789—1857）给出的。

这里我想说明两点：

第一，剑桥数学之诗决不是同外界绝缘的，它只有同整个欧洲大陆密切交往，相互渗透，取长补短，才能生机勃勃向前推进。

第二，科学没有国界。它属于地球人的共享财富。只有后浪推前浪，科学才成立。——这才是西方大学精神最本质的东西。剑桥的表现尤为典型。

本质上，科学是一代代继承的。

* * *

青年时代，为了吃透、激赏泰勒公式这首剑桥之诗，我做了多道习题，其中便有估计以下近似公式的绝对误差：

$$e^x \approx 1 + x + \frac{x^2}{2!} + \cdots + \frac{x^n}{n!} \qquad 当\ 0 \leqslant x \leqslant 1;$$

$$\sin x \approx x - \frac{x^3}{6} \qquad 当\ |x| \leqslant \frac{1}{2};$$

$$\text{tg}\ x \approx x + \frac{x^3}{3} \qquad 当\ |x| \leqslant 0.1;$$

$$\sqrt{1+x} \approx 1 - \frac{x}{2} - \frac{x^2}{8} \qquad 当\ 0 \leqslant x \leqslant 1。$$

当年我的数学笔记本保留了下来，今天还放在书架上。我之所以敢将它保留，不担心政治运动一来有抄家的危险，白纸黑字，会打成"反革命"。数学公式何来反党、反对毛泽东思想？在阶级斗争的残酷岁月，剑桥数学诗成了我的避风港，成了内心一座永不陷落的城堡。——今天，我对剑桥大学推崇、敬畏数学诗的传统依旧心怀感激之情，尽管我并不是数学家。这也是我这次同余工合作撰写读者手中这本书的深层心理学原因之一。

世界上的城堡有两大类：

由花岗岩石构筑的；由数学诗、基本物理常数（即 The Universal Constants, 如万有引力常数、普朗克常数和光速等）砌筑而成。剑桥大学的价值是贡献后一种城堡，帮助我、庇护我度过了那段艰苦岁月（1957—1976）。那是人道的灾难。

* * *

西方人有句箴言：上帝是我心中的堡垒。

在极左政治时期，我的内心暗中回荡着这样一句：数学是我心中永远不会陷落的城堡！

在天天学"毛选"、雷打不动的时候，我还在暗地里默念泰勒公式，尤其是从中导出马克劳林公式：

$$f(x) = f(0) + xf'(0) + \frac{x^2}{1 \cdot 2}f''(0) + \cdots$$
$$\cdots + \frac{x^{n-1}}{1 \cdot 2 \cdot 3 \cdots (n-1)}f^{(n-1)}(0)$$
$$+ \frac{x^n}{1 \cdot 2 \cdot 3 \cdots n}f^{(n)}(\theta x).$$

马克劳林（C.Maclaurin, 1698—1746）为苏格兰数学家，他写过论流数（Fluxions）的论文以及阐述牛顿哲学的专著。

用自然神学的观点看，剑桥的无穷级数之诗为通向数学绝对真理的阶梯。如果它有终点，那便是"造物主—上帝"本人。

剑桥数学诗人泰勒在创作时必具有"缪斯的迷狂"。不处在这种迷狂心理状态的数学家吟唱不出天下第一流的数学诗。或者说，这是"宇宙之诗"（ The Universal Poem ）。

泰勒的另一本《直线透视》为 18 世纪有关透视理论著作中影响最大的一本。1791 年出了第二版，书名为《直线透视的新原理》（ New Principles of Linear Perspective ）。后人称该书是透视学整个大厦的拱顶石。其实古希腊人在建造露天剧场时便用到了透视原理。到了欧洲文艺复兴时期，一些著名画家、建筑师和工程师则更广泛地将透视（科学）原理应用到自己的创作中来。

意大利伟大建筑师布鲁纳列奇（F. Brunelleschi, 1377—1446 ）是第一个研究透视法的人。他说，他运用几何学是为了绘画艺术。

数学透视法方面的天才是意大利的阿尔伯蒂（ Alberti,1404—1472 ）。《论绘画》是他的代表作。在书中，他奠定了透视法体系的数学基础。

德国伟大画家丢勒（ A.Dürer,1471—1528 ）则把透视法推向了一个新台阶。从 16 世纪起，透视法理论便在欧洲一些主要国家的绘画学校按照大师们写下的原理讲授。

当时的画家重视数学理论同剑桥大思想家培根的提倡也是分不开的。德国的开普勒（牛顿的前辈）有言："研究外部世界，主要目的在于发现上帝赋予它的秩序与和谐，而这些却是上帝通过数学语言透露给我们的。"

在余工的手绘建筑艺术中，透视原理已成了他的线条诗的几何学坚实基础。——这才是他能够得心应手，纵横变化，自成一家的原因之一。只有这样，剑桥大学校园建筑艺术（包括牛眼窗）才能通过余工的透视法若隐若现披露出大学精神。

这也是余工热爱泰勒的原因。

多年前，我在《美国数学月刊》（ Amer. Math.Montly ），1957 年第 597—606 页，翻到过 P.S.Jones 的一篇论文"泰勒和直线透视数学理论"给了我难忘印象。今天回顾起来，那里也有余工手绘建筑的数学基础。

把手绘建筑艺术同直线透视数学理论联系起来看是在两者之间寻找共同的基础。它符合剑桥大学精神。

事实上，建筑、绘画和数学在深层上是相通的。

它们的共同基础是数学原理。上帝的语言是数学。敬畏数学便是对上帝肃然起敬，敬而畏之。我们只要看到数学，上帝即宛如目前。

* * *

泰勒业余爱好是风景画和水彩画。所以他的透视理论有实践经验作为支撑。在他的母校圣约翰学院还保存了他的《论音乐》手稿

（未发表）。在本质上，音乐王国正是由数学的绝对美占统治地位的王国。音乐的和谐与优雅，说到底是数学的优雅与和谐。泰勒的无穷级数实质上正是音乐。

数学和音乐是人类性灵（Spirit）最纯粹的创造。这两种语言的开头第一个字母均为M，它们是通神的。牛顿的继承人爱因斯坦一生酷爱数学和音乐，是因为两个M通上帝的缘故。

最后，在生命之火快要熄灭的时候，泰勒转向宗教和哲学的沉思和写作。他的第三本论著便是《哲学的沉思》（拉丁文Contemplatio Philosophia）。他去世后，由他的外孙出版，时1793年。

很遗憾，我没有拜读过这部著作，估计会深深吸引我。西方大科学家许多人在生命走到尽头的时候，都要转向宗教和哲学的探求，企图寻找哲学的上帝。——这才是剑桥大学精神的核心。

当然，一代人又一代人去追寻，前仆后继，非常悲壮，但找不到。因为这是一个不可解的死结。

中国古人把这死结称之为"大谜"，简称"大"：

"生不知来处，谓之生大；死不知去处，谓之死大。"

这既是个神学课题，也是个"世界哲学"（WORLD PHILOSOPHY）拷问。

它的等级高于所有的数学、物理、化学和生物学。

最后，我想说：

泰勒的"天鹅之歌"（最后绝唱）《哲学的沉思》同牛顿步入暮年最后转向神学研究属于同一个性质。

现在我要问："此地乃启蒙之所，智慧之源"这句剑桥大学校训的提出时间究竟是在牛顿、泰勒之前，还是之后？

我以为，不管是在前还是在后，都是意味深长的。尽管泰勒的成就远在牛顿之下，但他们俩人一前一后都为校训作了最好的注脚。

大学校训的意义重大。我既看重校训，也看重校舍建筑艺术场域的伦理功能。

我多次建议，我国的北大、清华应把庄子的格言作为校训："判天地之美，析万物之理。"

它的作用可以抵得上多位名教授的启蒙和教导。

图: 丢勒作品《安特卫普港口》, 1520 年。

当然这也是丢勒的手绘建筑。船是什么？船是水上流动的建筑。今天的汽车是什么？本质上它是安放在四个轮子上的快速运动的建筑。

丢勒这幅建筑写生是西方近代手绘建筑艺术的鼻祖。他把他的透视法几何理论用在这幅作品中。所以远近的一切建筑（尤其是屋顶）看起来是那么符合大小比例和尺寸。一切都符合和谐、秩序。说到底是丢勒把建筑、绘画和数学统一在了一起。

图: 泰勒母校圣约翰街上的圣约翰学院 (*St.John's College*)。

　　谁能一口否认,这里的屋所具有的数学结构对泰勒会有潜移默化的作用呢? 在余工的手绘里,它的透视法把绘画、建筑和几何学的真理串起来了。——这里有"神采飞扬"。这四个汉字一句用在这里才是最恰当的地方。

　　当绘画、建筑和数学统一了起来,才达到了清明爽朗、诗而入神的境界。泰勒公式从圣约翰学院流出是符合逻辑的。

　　余工的最高目的正是把剑桥大学的建筑世界同剑桥所敬畏的数学神性用光影语言朗诵出来。透视学研究眼睛与物体间的关系; 也是运用几何学与绘画相结合的方法。它能帮助手绘画家准确地在二维平面上表现三维,从而有纵深感、近大远小,产生空间感。

　　这才是"露出万峰尖,重重青点雪"; 这才是"云外疑无路,山间忽见僧"的境界。——它是绘画、建筑和数学"三位一体"营造的诗意。

图: 圣约翰学院的凸肚窗和屋顶的曲线艺术。

整个画面给人的视觉舒适感, 富有线条的迷人诗意。有线条之诗, 便有音韵之诗。在它们的背后则是数学之诗。也许有人不熟悉、没有看到数学之诗, 我便会指着泰勒公式或泰勒无穷级数说:

"看哪, 那便是宇宙间第一等数学诗, 也叫The Universal Poem。为了发现普遍世界的诗, 我们才活着; 我们活着, 是为了发现、欣赏、赞美世界普遍的诗。"

如果说, 我最欣赏10幅余工的手绘, 那么这里的一幅便是其一。我确信, 画中有泰勒无穷级数的精神。因为在圣约翰学院典雅、精美、和谐的建筑身上 (特别是凸肚窗和屋顶造型艺术) 有泰勒公式的灵魂缠绕。因为余工掌握了泰勒的透视法, 所以他能画出近者清晰远者模糊的视觉效果。

只有这样, 手绘的线条以及校园建筑才能有空间感; 才能体状风雅, 理致清新, 语言符号系统工巧, 言有尽, 意无穷。

图: 圣约翰学院的大门。

数学诗人泰勒从这里经过千百次吧？这里的建筑场（Field）对他的数学创造心理学有什么微妙、神秘的影响吗？他是用水彩画的审美眼光去观照建筑的吧？这给了他透视画法的数学灵感和启示吗？

"道"与"理"是内心固有的，但必须要有外来的"火星"点燃，豁然贯通。典雅、优美的建筑几何曲线便是"火星"。大自然的云彩以及山川树木同样是。

余工握有泰勒透视学的精髓，所以能创造性地组织画面的空间构图，掌握科学性与艺术性相结合的原理。

St. John's college.
Corridor.
2012.5.17.

图: 圣约翰学院走廊, 建筑空间颇为怪异, 估计泰勒经过此处上百遍, 留下了沉思的脚印。

他的婚姻、家庭不幸, 健康又欠佳, 仅活了46个春秋。他的诗文是数学语言, 无法记录他的人生苦难, 但生命存在的悲愤却成了他思考、写作《哲学的沉思》的深层动机。

他论述艺术和从事透视学的思考都有一种气脉或气势贯穿, 这便是聊以解忧。本质上这是西方存在主义先驱的呐喊和太息。他的先辈、法国伟大数学家和哲学家巴斯卡 (B.Pascal, 1623—1662) 比他走得更广远、深远、幽远和渺远。对于泰勒, 思考和写作都是自我治疗, 慰藉和解脱的手段。

图: 圣约翰学院教堂。余工的线条, 率性而得, 可以想见他构思落笔的灵魂状态, 好像他同泰勒的内心有所共鸣。

泰勒经常来教堂静坐。有时整个空间只有两三个人。

那天泰勒起身早, 看见晨光在窗口显露。他突然觉得天上的太阳周而复始地日出、日落, 照耀地球, 然而地球上的每个人统统又是偶然 (随机) 的产物。我们在迷茫中呱呱落地, 最后又无可奈何回归尘土, 不知为了啥子?

可见, 生命哲学远比数学高深。无穷级数无法勘破、穿透生与死的奥秘……

泰勒偏爱独自来到教堂沉思默想, 同上帝默默地恳谈, 暂时得安慰。死亡才是最后解脱。

St. John's College Church.
Cambridge. 余工 2012.3.8.

图: 这也是我非常推崇、激赏的余工一幅手绘, 因为它符合绘画尺寸、
比例, 任意挥洒, 如从肺肝中流出, 而且笔锋带感情, 颇动我乡魂旅思。

请别误会, 我所说的故乡不是地理上的, 而是灵之所寄, 魂之所托
处。——这只能以追寻"天文地文人文神文"为生命的最后归宿。

从这张手绘中透露出来的颇有泰勒短暂一生所操心、狂热的多个领域,
包括透视画法、音乐和哲学的沉思。

余工的线条空灵, 好像有音响的组合。不仅有声, 且有立体感。最后是
不可言说的根本惆怅弥漫……

什么是剑桥大学精神与校训？

——用英文写诗的剑桥三杰

本章标题再次把我们拉回到了本书稿的开端: 剑桥校训。

剑桥无疑是"人杰地灵"的场所。用中国哲学的"道"概念去把握剑桥是恰当的。完整的说法是"四道"框架。

——2012年9月于思南公馆咖啡屋

拿掉普遍世界或世界普遍 (Universal) 的诗, 整个剑桥大学便会咔嚓一下散架, 坍陷, 化成碎片。

诗的极至是道; 道的极至是诗。普遍世界的诗把整个剑桥统一了起来。它比围墙要高级得多!

剑桥大学诗道合一, 好几百年从中透射出缕缕的光辉。这光辉从校园中世纪建筑风貌中即可感受到。几百年来, 剑桥人总是按原样 (修旧如旧) 精心维修古老建筑, 包括高大的彩色玻璃窗。

这里的建筑堪称为凝固的诗道合一。更为妙绝的是剑河静悄悄地从中穿过, 尤其是当野鸟晴相唤, 残云晚自飞, 或幽禽不见但闻语, 小草无名却着花的一番丽景。

这样的校园, 诗道合一的大气候, 本身就有培育"判天地之美, 析万物之理"的功能。高扬的审美意识, 才能铸造"四道"结构。

北大莎士比亚专家温德教授 (R.Winter, 美国人, 祖籍英格兰), 生前常同我聊起牛津和剑桥这两座大学, 合在一起叫Oxbridge (牛桥)。他多次谈起英文诗, 尤其是密尔顿。他说, 在英文诗里, 常弥漫了对大自然-上帝 (Nature-God) 的敬畏, 有种神性。

"那也是牛顿心目中的神吗?"我问。

"当然，"温德回答。他的声音很低沉，半个世纪一晃而过，我还能记起那带有磁性的声波振动在当年北大朗润园半窗残月的回荡……

有一回，为了说明问题，七十多岁的温德朗诵了一首《Trees》（树）：

I think that I shall never see
A poem lovely as a tree.

A tree whose hungry mouth is prest
Against the sweet earth's flowing breast;

A tree that looks at God all day,
And lifts her leafy arms to pray;

A tree that may in summer wear
A nest of robins in her hair;

Upon whose bosom snow has lain;
Who intimately lives with rain.

Poems are made by fools like me,
But only God can make a tree.

今天我试着把它译成中文（参看了我的文友周林东的译作）：

树

我想我永远看不到一首诗
可爱得像棵树般亭亭玉立。

这棵树把饥渴的嘴贴紧大地，
从大地的胸膛吸取甜蜜的汁；

这棵树它整天对着上帝瞧，
举着缀满绿叶的手臂祈祷；

这棵树当炎热的夏天来到，
秀丽的头发便藏窝知更鸟；

在她的怀抱白雪乐意停留，
雨点儿乐意和她亲密相处。

诗是像我这样的笨人所作，
树是上帝才能创造的吟唱。

这首诗的主题是歌颂大自然和上帝为一体，称之为"上帝的大自然"或"大自然的上帝"。——这正是剑桥大学校训的本质。"上帝的大自然"才是智慧之源。

不同的诗人用不同的语言赞美"大自然的上帝"。用英语惊讶、赞叹God-Nature,同剑桥20多座大小教堂的祈祷钟声歌颂、敬畏是互补的。当然还有物理化学实验室通过"实验哲学"的语言去惊愕神的存在和最高智慧则是"殊途同归，一致而百虑"的关系。

这便是剑桥文理科并存的原因，尽管偏重理科是传统。神学系和英语系也占有重要地位。它们的神圣使命之一是歌颂上帝。在中世纪，音乐之所以允许存在，是因为教徒用音乐语言去赞美神。

剑桥推崇数学，因为人只有通过、借助于数学才能走近上帝。

英国人给哲学下了一个绝妙的定义：Philosophy Begins With Wonder。（哲学起源于惊讶）

惊讶什么？惊讶"上帝的大自然"；惊讶"四文"或"四重道"结构。

剑桥好几百年的生机勃勃全由这惊讶所维系、支撑和养育。不对人生世界惊讶，剑桥大学精神便不存在。

余工和我合作撰写这部书稿则是出于对剑桥大学的惊讶和赞叹。

古今中外一切大诗人都是惊讶推动和营造的。

1979年9月2日我已在中国社会科学院哲学所工作，住依然在中国农业科学院集体宿舍8号楼411室。那里离北大只有4站路。那天晚上我去朗润园看望了93岁的温德(Winter)先生。他送了我两样东西，他自知来日不多，这是他的眼神告诉我的：

多张古典音乐唱片。许多年我总是在他家客厅欣赏这些唱片；

《英文诗集》,1900年英文版，共1084页，纸很薄，但仍然很厚，很重。收集的第一首的作者不详，年代约1250年，题目是《布谷鸟的歌》。诗集里有多位出身于剑桥的诗人。密尔顿便收了17首。其中有几首，今天我都能背诵下来。

图: 圣约翰学院的树。

剑桥校园的大小树, 那树梢, 高高的, 同教堂的尖顶合而为一, 交织成"二重唱", 像是伸出的手臂对着"天"祈祷, 而且是默默地, 不管日日夜夜, 刮风下雨, 一年四季。

当剑桥精神把树看成是上帝的杰作, 于是"人杰地灵"便有理由和根据正式落户在此, 才有了几十位诺贝尔奖金得主从这里走向世界, 引导人类文明之旅……

余工的线条, 从不敢忽视剑桥大小树的默祷。

余工被剑桥会祈祷的树打动。他笔下的棵棵树, 每株小草, 都在赞美造物主的恩赐, 对光和热的感恩; 是神秘的光合作用创造了多彩多姿的世界, 包括森林中一对可爱的雄鹿和母鹿。

弥尔顿的英文诗行告诉我们, 造物主—上帝通过自然界中的这些无言的、毫不张扬、不显眼的神迹一再披露它的存在。这是全宇宙最高主宰存在的过硬证明。这里才回荡着剑桥校训。

图: 圣约翰学院的幼树。

在余工笔下, 幼树也在默默地祈祷。对天祈祷的树不论大小 (即便是一株落下了一粒露珠的无名小草), 都有一种神性弥漫。正因为剑桥大学对大自然有这等视野、心胸或审美意识才能在全球大学排名第一!

这是气质取胜的结果。人有气质, 一座大学也有。气质是软件, 图片凸出了小树, 是余工有意而为之。在这个细节上, 我们又有共识, 所以我们走到了一起。

在本质上, 余工这幅手绘是透视图, 可以放在美术学院透视学的教材中。

一、密尔顿（1608—1674）

密尔顿（J.Milton），在英国文学史上占有重要地位，被后人戴上了多顶桂冠：

诗人、文学家、历史学家、政论家、社会活动家和哲学家。出生于伦敦一富裕的清教徒家庭。18岁进入剑桥大学基督学院，共七年之久，精通8种语言。

后来在意大利对音乐、绘画、雕塑和建筑深感兴味，尤其对哥特建筑风格、新古典主义和巴洛克建筑迷恋、心醉。——弥尔顿对视觉艺术的启蒙正是来自母校剑桥大学的校舍建筑艺术世界。

1645年，37岁的弥尔顿结集出了《诗歌集》。其中有一首《赞美基督诞生的清晨》（*Hymn On the Morning of Christ's Nativity*）。

幸好，温德先生送我的《英文诗集》便收录了这首，是首长诗，为他后来第三个创作阶段定下了基调，包括《失乐园》（*Paradise Lost*）；《复乐园》和《力士参孙》。

《失乐园》是英语史上第一部史诗。弥尔顿十分推崇荷马史诗、维吉尔史诗和但丁的《神曲》。在自己的创作《失乐园》中，他继承了欧洲大陆史诗的宏大气魄和崇高的风骨。——这是另一种继承，同牛顿对伽利略、开普勒和笛卡儿的继承有异曲同工之妙。

这是剑桥大学式的继承。没有这继承和发扬光大，剑桥的校训和大学精神便会落空。

剑桥大小教堂的阵阵缓钟，古木生云际，苔深不可扫，枫叶秋风早，正是告诫剑桥学子的声音符号：

继承是剑桥智慧的来源之一。

在《基督教教义》一书中，弥尔顿提出过这样一个拷问：上帝为什么要造人？

2012年9月28日中午我还在问：

如果今天的地球像一百万年一直没有人类居住，估计动植物世界会欣欣向荣得多！不过，没有人类的地球有意义吗？

21世纪的剑桥依然在追问：

人是怎样进化来的？上帝为什么设计、创造了宇宙？太阳为什么要照耀地球？没有太阳，地球便不存在。——这便是21世纪与时俱进的剑桥。"好汉不提当年勇"是剑桥大学精神的组成部分。

弥尔顿比牛顿年长35岁，是两代人。弥尔顿的宇宙观的根据是公元前的托勒密天文学，认为太阳、月亮和行星都在围绕地球运动。天居上，地居中，地狱居下。天堂离地狱的距离相当于天离地的距离三倍。

这便是《失乐园》的大背景。另一个背景是《圣经·旧约》和《圣经·新约》。

英国人推崇《失乐园》为最好的英语式悲剧，恰如意大利人为但丁的《神曲》而自豪。

就诗体而言，弥尔顿自负地说："本诗的韵律为英雄诗体，没有韵脚，就像荷马用希腊语、维吉尔用拉丁语写的史诗一样。"诗人认为《失乐园》是"英语史上的首创，它挣脱了押韵令人烦恼的现代束缚，恢复了史诗的古典自由。"（见《失乐园》"诗体说明"，全书由刘捷译，2012年，上海译文出版社。译者完成此书的翻译费了许多心血，有助于余工和我走近剑桥大学精神）

全诗十二卷，译成中文是504页1万多行，题材源自《圣经·旧约·创世记》，以史诗一般的磅礴气势揭示了人的原罪与堕落，成为世界文学史上一部杰作。

弥尔顿在诗中表达了他的有关人生世界的哲学智慧。比如对死亡的见解：

"他将指示我们祈祷,用祈祷请求他大发慈悲,只要他源源不断地提供各种帮助,我们就不必担心度过顺顺当当的一生,直到我们寿终正寝,入土为安,那尘土是我们最后的安息地,我们出生的故乡。"

关于死亡,英语有名谚语或箴言,很深刻:

"Go back, where you came from!"(你从哪里来,回哪里去!)

其实我们永远在糊涂中。我们并不明白"哪里"是指何处? ——这是剑桥大学神学系要拷问的一个永恒问题。

《失乐园》的通篇主旋律都在歌颂"天地万物的缔造者,光明的源泉。"

弥尔顿用17世纪的英文(牛顿也说的英语)大声地朗诵:

"在令人陶醉的交响乐悦耳动听的序曲中,他们唱起了他们的圣歌,掀起阵阵狂喜,除了与旋律优美的声部完美结合的和声外,没有丝毫的杂音,天堂里如此和谐一致。"

这让我情不自禁地联想起巴赫(1685—1750)和亨德尔(1685—1759)。弥尔顿去世11年后这两位伟大的德国作曲家才同时去世。他们的使命好像是用旋律语言继续谱写《失乐园》。

巴赫的名言是:"对上帝只有赞美。"

又说:"所有音乐的目的及其始终不变的动机,除了赞美上帝纯洁灵魂外没有别的。"

这当然也是剑桥大学启蒙和智慧源泉。

亨德尔用了24天便写完了不朽的清唱剧《弥赛亚》。在作曲时,他处在一种狂迷状态。他的仆人发觉他在写完"哈利路亚合唱"后泪如泉涌……

"我确实认为我看见了整个天国就在我面前;我看见了伟大的上帝本人。"

这是创作音乐、进入音乐王国的最高报酬。

弥尔顿在写完《失乐园》的那个半窗残月之夜,也有类似的沉醉或幻觉吗?

牛顿呢? 在他最后完成《自然哲学的数学原理》一书时,他也仿佛瞥见了整个上帝的王国(The Kingdom of God)就在眼前吗? 他也好像看见了上帝那双创造宇宙的神手圣功吗? 牛顿一定有过这种内心经历。

这才是"天道酬劳"。

追求它,才是科学、艺术和哲学创造活动的最高目标。荣获诺贝尔奖毕竟是次要的。剑桥大学精神懂得这一点。

我记起唐代诗人贾岛这样两句:

"两句三年得,一吟双泪流;知音倘不赏,孤卧故山秋。"

这也是剑桥科学、艺术和哲学的创造心态,也是剑桥"普遍世界之诗"感人至深的奥秘,包括校舍的建筑之诗。

二、拜伦(1788—1824)

拜伦(G.G.Byron),杰出的英国浪漫派诗人,1805年,17岁的拜伦进入剑桥大学三一学院。

青年时代,我开始接触外国诗人的吟唱主要有普希金、莱蒙托夫、华滋沃斯和拜伦,当然还有德国的海涅。

当年我便在下意识把拜伦的热情一生(仅活了36岁)同剑桥之间看成有潜在的因果关联。

拜伦的诗对欧洲浪漫主义文学有很大影响。我年过五十,才开始对浪漫主义(Romanticism)

图: 圣约翰学院古老建筑是百年以上吟唱而得的千古绝唱。

当建筑之诗完成之日, 建筑师、泥瓦匠、木匠和石匠会泪流满面, 仿佛瞥见到了"上帝的王国"吗?

剑桥建筑之诗的境界应是风气韵度, 光映照人。余工的线条是把建筑之美体现在光影之中。他的神来之笔, 同剑桥古老的建筑之诗是相得益彰的。

先进的数码只能拍出真实, 但手绘却能映出空灵即建筑之诗的诗魂。

图: 圣约翰学院建筑物上的校徽和柱头雕饰。

这是剑桥各学院建筑装饰符号语言系统, 各有自己的传统、特色。

弥尔顿使用如珠如玉似的英语, 牛顿用代数和几何, 用微积分, 用力学三大定律, 去歌颂天地万物的缔造者和真理的壮丽。动用的语言虽不同, 但歌颂对象却是一个。弥尔顿的诗如同智慧箴言闪闪发光, 叫人铭记在心:

"天国之爱, 必将战胜地狱之恨。"(21世纪美国校园枪杀案, 以及伊拉克和阿富汗的汽车自杀式炸弹袭击, 死那么多无辜便是地狱之恨)

哦, 那无穷无尽的爱, 那无限的仁慈! ——这才是弥尔顿的《失乐园》所呼唤的!

剑桥校园的每栋古屋不也是在用无声的语言这样歌颂吗? 这种高贵的声音隐藏在余工线条的光影之中。

BRIDGE OF SIGHS.
St. John's College.
Cambridge. yineg
剑桥C3叹息桥@余工
2012.3.9.

图: 剑桥每座古老的大小建筑 (包括桥) 好像都是弥尔顿吟唱的凝固的诗。

余工用黑白线条营构的这栋圣约翰学院建筑在光影之中仿佛有弥尔顿颂扬夏娃——这众生之母——的诗句在回荡:

"我为你欢呼,全人类的母亲,生生不息的万物的母亲,夏娃,这一称呼,你当之无愧。因为有你,人才会延续下去,万物才会为人而存在。"

这便是剑桥建筑身上的人文精神。它同数学绝对真理交织在一起,非常养人。它是介乎于看得见和看不见的东西,在光影之中若隐若现。余工用手绘朗诵这人文精神是最感人的。

作出广泛的理解,而远不仅仅局限在文学的框架内。就是说,今天我笔下的浪漫主义是哲学意义上的浪漫主义。这样,我便获得了一个全新的、上天入地的广阔视野。

换言之,我所理解的"普遍世界或世界普遍的浪漫主义"(The Universal Romanticism)包容了科学、艺术和哲学这三大领域。一切真正的科学、艺术和哲学创造(一切真货)都在它的管辖范围。

人在地球上的存在,一开始便受到地球引力的束缚。当牛顿意识到地球的引力不仅可以让苹果落地,也可以拉住月球绕着自己有规律的转动。——牛顿这种想像力、推理和概念便是最高意义上的浪漫主义。别的什么诗人还能浪漫过牛顿? 还有比他更浪漫的?

今天发射卫星、载人登月是进一步冲决地球引力罗网的成就。

剑桥大学是吟唱"普遍世界或世界普遍之诗"的"圣地"。在本质上它是欧洲"哲学浪漫主义"发祥地之一。这里的大学精神说到底是哲学(自然哲学,实验哲学)的浪漫主义。它是最有能量、富有创造力的思潮。——英国文学史上的浪漫主义诗歌仅仅是它的一个"方面军",当然还有英国水彩画。

所谓浪漫派还有一个特点:

文,理应是一个"空筐"。文舍弃了、扬弃了现实世界的一切质实,把质实和内容统统蒸发掉了,最后只剩下一个空空如也的"筐子",里面好像什么也没有。但是当它返回现实,它却能网罗一切,将一切打捞,一网打尽!

这便是代数的实质和它的魅力。在中学,我们都学过。但指出代数的"空筐"结构却是我的一点领悟和学习心得。

何谓方程?

含有未知数的等式叫做方程。比如大家都学过的恒等式 $x^2 + 2x + 1 = (x+1)^2$ 是关于未知数 x 的方程。所谓未知数在方程中起到了空筐作用。没有未知数,空筐便编织不成! 人类文明便不可能发展到今天的水平。——这叫昨天的抽象,今天的具体。手机、电脑和电视

都是在"空筐"结构推动下才产生的。

剑桥大学精神推崇把世界空筐化。这里才是智慧的源泉之一。提供的空筐多,成就也越大。

余工的手绘艺术魅力是他用简洁、空灵的线条编织了一个个"空筐"。

什么是真实?(What is Authenticity?) 有两种:

现实世界的真实。数码相机可以准确、细腻地把它忠实地记录下来。

艺术世界的真实。余工用手绘编织的、光影之中的空筐能胜任把它传达出来。

余工笔下剑桥的树比现实世界的树还要真实。这是绘画艺术的真实,非常适合传达剑桥大学精神。

三、华滋沃斯(1770—1850)

华滋沃斯(W.Wordsworth),杰出的英国浪漫派诗人,又称"湖畔诗人",与贝多芬同岁。他是圣约翰学院的减费生。

入学后不久他便不满意剑桥数学课的激烈竞争,更不愿被强迫去教堂做礼拜。因为他心目中的上帝在自然界中。——这便是斯宾诺莎主张的"泛神论"。

这种哲学不仅深深影响了贝多芬,也支配、统领了"湖畔诗人"华滋沃斯吟唱"大自然-上帝"(Nature-God)的热情。

还在读北大的时候,我便能背诵好几首他的诗,对剑桥的"普遍世界之诗"也有了进一步的领悟和感受。

后来按我的理解,剑桥之诗至少包括以下五种:

1. 数学之诗,物理学之诗,化学之诗,地质学之诗,生物学之诗……。概括起来为自然哲学之诗。

2. 建筑之诗。

3. 绘画之诗。

4. 音响诗。

5. 英文诗。

中国哲学的"四文"或"四重道"结构则

图: 彼得豪斯学院。

该建筑组织、构筑了剑桥大学的灵魂——校训和大学精神。只有余工编织的绘画艺术空筐才有可能传达出这灵魂。

余工的浪漫主义线条和光影表达剑桥普遍世界的诗意。我把拜伦看成是从剑桥走向欧洲(包括希腊)的一位杰出浪漫主义诗人。"笼天地、挫万物于笔端"才是广义诗,世界普遍之诗。剑桥正是启蒙这种诗的故乡。

peterhouse college
cambridge. yu 剑桥
——2012.5.28.

是最高境界的诗结构。——这正是剑桥大学所追求的。

这叫"美事召美类，类之相应而起。"如马鸣则马应之，牛鸣则牛应之。

余工手绘剑桥建筑同剑桥大学精神便有相应的关系。

早年我便能结结巴巴地用英文朗诵华滋沃斯的一首《The Rainbow》(彩虹)：

My heart leaps up when I behold
　　A rainbow in the Sky;
So was it when my life began;
So is it now I am a Man;
So be it when I shall grow old,
　　Or let me die!
The Child is father of the Man;
And I could wish my days to be
Bound each to each by natural piety.

我试着把它译出来，因为诗中有一口袋珍宝，可与读者共享：

当我见到天上有彩虹，
　　我的心便在跳；
好像我的生命才开始；
好像我才做人；
好像我会变老，
　　就让我这样告别人世！
儿童是人的父亲；
我希望我对大自然的敬畏
能让我的日日是好日。

对华滋沃斯这首诗，我想作出如下五点解释：

1. 这是典型的19世纪英国浪漫派诗人泛神论的感情表达。

2. 诗人不喜欢定期走进教堂去祈祷，却偏爱把大自然看成是更加壮丽、神圣的大教堂。——这是由天地时空构筑的教堂，也是泛神论的教堂，因为大自然即上帝。

3. 从一道彩虹透露出了"天地有大美而不言"，始觉自己的生命才真正开始，意识到这一生的崇高使命，有比自己个体小生命更高贵的东西存在。

4. 彩虹能让自己的心狂跳。

一个人的心为什么对象而跳，那便是他的"自我"本质。

人是在他为之狂热、沉醉的对象上面发现他自己的生命本质的。

5. 彩虹使得两类浪漫主义诗人心狂跳：

像牛顿这样的自然哲学诗人；

像华滋沃斯这样的用英文字母写诗的诗人。

两类合二为一，实质上是同一类：

吟唱"普遍世界或世界普遍之诗的剑桥诗人。"

剑桥校园建筑，余工的手绘建筑，同样属于剑桥之诗。余工的手绘有它的独立价值。

我这种对诗的理解符合华滋沃斯心目中的诗(见他的《抒情歌谣集》序言)。他认为：

诗人"比一般人具有更敏锐的感受性，具有更多的热忱和温情，他更了解人性，有着更开阔的灵魂……比别人更容易被不在眼前的事物所感动，仿佛它们都在他的面前似的。"

剑桥的物理学家、数学家、生物学家和地质学家……不正是这样的诗人吗？

他又说："诗是一切知识的起源和终结。"

广义的剑桥之诗——自然哲学之诗不正是这样吗？

《圣经》有句箴言早就在我们的耳边回荡：

敬畏上帝是智慧的开端和终结。

所以宗教的最高本质是诗，也是剑桥广义之诗。

图: 剑桥教堂。

华滋沃斯更乐意跑到荒原、湖畔、山谷、草地和林中去祈祷。当他仰头看到天空有一道彩虹的时候，那便是他最幸福的时刻。因为内心充满了狂喜。

不能否认，教堂建筑也是能让人心跳的有音韵和律动的诗。余工的手绘和光影之中的建筑同样有令人骨惊神悚的诗意。从中可以深窥余工的功力，令人有黑白分明，历历在目，啧啧在口的感觉。他的街灯神气活现，很有精神，很有品位。我当面告诉过他，我喜欢他朗诵的街灯。

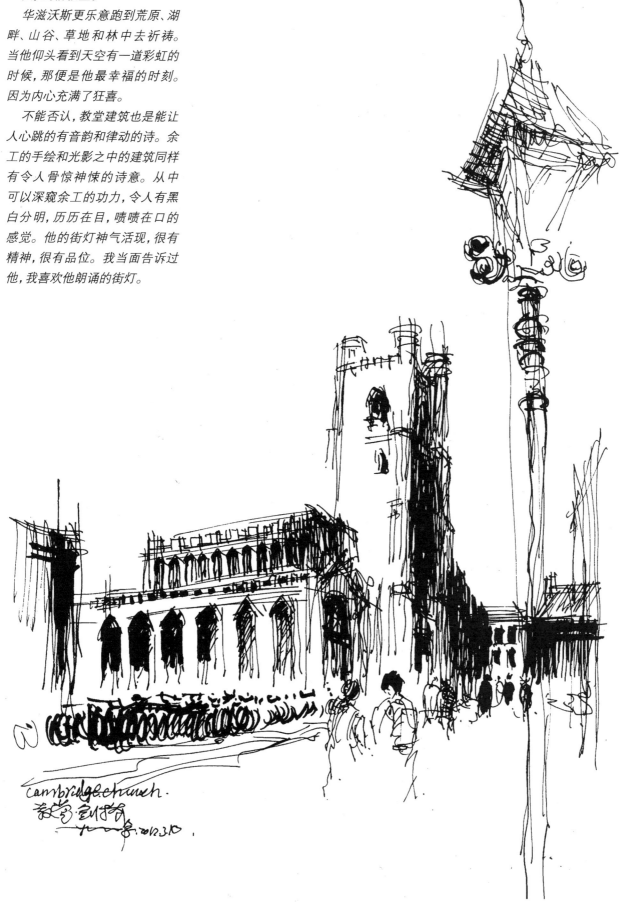

cambridge church.
教堂 剑桥
余工 2013.3.10.

图: 贡维尔及凯斯学院。

　　剑桥普遍世界之诗不仅包容了华滋沃斯浪漫派英文诗, 也把余工的手绘建筑涵盖了。余工在剑桥画了两三百幅, 等于读了两年的研究生院。

　　其实我们每个人的一生都在补课。余工和我都不会有这样一天:"我毕业了!"——这才是剑桥大学精神。我们一辈子永远走在探索和追寻的路上。

Gmaville & Carm college. cambridge
剑桥贡维尔凯斯学院
小京 2012.3.12.

卡文迪什对万有引力常数的测定

——剑桥推崇培根的"判决性实验"

卡文迪什（H.Cavendish，1731—1810），英国杰出物理学家和化学家，曾就读于剑桥。为了纪念他对科学的贡献，人们决定用他的姓氏命名实验室：

The Cavendish Laboratory（卡文迪什实验室）。

在多个重大贡献中，1797年他第一个对牛顿万有引力常数G的精确测量当推首位，为此他名垂科学史册，因为在众多个基本物理常数中，G是重要的一个。

卡文迪什萌念做这个实验受剑桥两位老校友（前辈）的影响：培根和牛顿。——这便是"判决性实验"。卡文迪什实验的思路和设计如下：

将两个质量均为m的小球系在一轻杆的两端，再用一根竖直的细线将这个刚性"哑铃"水平地悬挂起来。在哑铃的每一端附近各放置一个质量为M的大球。

根据牛顿万有引力定律，当大球在位置A与B时，小球受到吸引力；该力便在哑铃上施加一个力矩，使哑铃沿反时针方向转动。当悬丝被扭转时，它即施加一个相反的力矩。又当小球从一个位置转动到另一个位置时，悬丝扭转的角度即可通过观察系于其上的小镜所反射的光线的偏转来测定。

如果已知大球与小球的质量和它们相隔的距离以及悬丝的扭转常数，我们便可由测得扭转角度来计算G的数值。因引力很小，所以悬丝的扭转常数就必须很小很小。该实验要求很精密，时间在1797年，不容易。

在近现代物理学史上，这是一个经典实验。大学许多教科书已把它写了进去。因为牛顿万有引力常数的精确测量以及一长串基本物理常数的实验值对近现代工业文明都是非常关键的，其中包括：

光速、质能关系、普朗克常数、气体普适常数、基本电荷、电子静质量、电子荷质比、质子静止质量、玻耳兹曼常数、阿伏伽德罗常数、真空电容率、真空磁导率……

第一个对万有引力常数的精确测量是一位剑桥科学家，地点又在剑桥实验室的建筑空间，我不能不把它写进本书稿。本质上它是实验哲学的一首诗（A Poem of Experimental Philosophy），当然也是件精巧的艺术品。它

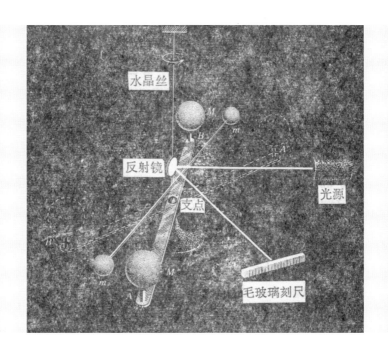

图: 这是1797年（约清代乾隆与嘉庆年间）卡文迪什为了证实牛顿万有引力定律在剑桥大学实验室的实验中所用到的仪器思路、设计示意图。

这便是牛顿所提倡、强调的实验哲学加上定量的数学语言。43年后中英鸦片战争爆发，清军失败是注定了的。本质之一是英国大学精神击败了我国只讲人生哲学的书院精神。

这是实验的加上定量的"道哲学"战胜了虚谈的、定性的"道哲学"：

"虚而无形谓之道"；"藏之无形，天地道也。"

更体现了剑桥的校训和大学精神，也披露了近现代自然科学的结构和最高目的。

这里特别重要的是17世纪剑桥思想家培根提出的"决定性（判决）实验"（Experimentum Crusis）。卡文迪什所做的，正是这件事。

精确测量是物理学的命根子。它是剑桥大学精神的一块奠基石。不断精确的最高目标是逼近"宇宙-上帝"（The Universe-God）。剑桥的卡文迪什为人类科学文明树立了一块样板。别忘了，工业革命发生在18世纪的英国决非偶然。

2012年9月，有则科学新闻报道说，海森伯（W.Heisenberg）于1927年提出的"测不准（不确定性）原理"受到质疑。它是量子力学的基石。德国人海森伯因这一发现荣获1932年诺贝尔奖。他的原理也写进了当今全世界大学教科书。该原理说：

人们不可能在不发出干扰的情况下进行测量。我们要精确测量一个粒子的位置，必然会随机地干扰它的速度。反之，若要精确测量一个粒子的速度，必然又会干扰它的位置。（这种令人尴尬、茫然的根本物理处境是牛顿力学从未出现过的）

今天（21世纪）的科学家表明，海森伯的理论太悲观了！弱测量技术可以实现精确测量。

但自然哲学说，人认识"Natur-God"是会遇到极限的，不是无限的。宏观和微观宇宙都设置了极限（Limit）。这是造物主设置的。宇宙外还有宇宙便是宏观的极限。

在剑桥大学数学桥的上空有面无形的高高飘扬的旗帜，上面用无形的文字写下了多句智慧箴言，其中有这样两句：

1. 人类的认识是有极限的。人虽然可以无限走近、逼近上帝，但永远不可能到达上帝。上帝本人永远不会现身。——这也是牛顿和卡文迪什"感知上帝"和"领悟的上帝"。

2. All True Philosophers must be Scientific; All True Scientists must be Philosophical.（一切真正的哲学家必须是科学的；一切真正的科学家又必须是哲学的）

这是一枚金币的两个面。好几百年剑桥大学参与了这枚金币的铸造。它是西方现代工业文明的基础。

我说不准，牛顿和爱因斯坦究竟是科学家还是自然哲学家？他们分别是两枚闪闪发光的"金币"。

图: 当卡文迪什做完测定万有引力常数值G从实验室走出来, 听到剑桥教堂钟声传来, 他在想什么? 他也许在问自己:

"*Is there a God ?* " (上帝是否存在)

"上帝的存在" (*The Existence of God*) 是剑桥大学校训和剑桥大学精神的核心。"感知上帝" (*Perceiving God*) 才是剑桥学子的启蒙和智慧的源泉。

敬畏上帝是智慧的开端。——这个命题直到今天21世纪依然在剑桥上空, 在数学桥的四周, 久久回荡, 韵长不绝, 幽远, 渺远, 迷远……

好多年, 剑桥在全球所有大学中排名第一或名列前茅, 这不能不是一个很深层、很潜在、很隐蔽的原因。

图: 又一座剑桥的学院教堂内部, 引起了余工用光影去赞美的冲动。

　　绘画创作的最深层动机是自己的灵魂去歌颂神圣、崇高和庄严的对象。实验哲学之诗的朗诵不也是这样吗? 卡文迪什当年对万有引力常数G值的精确测量是首歌颂 "宇宙-上帝" (Universe-God) 的赞美诗。从余工笔下教堂建筑空间隐隐约约透露出来的正是这音响诗。余工用自己的线条传达出了, 让我们看到了, 听到了, 这是他的独特成就。

图: 马德林学院 (Magdalene College, 建于1542年)。该院是
剑桥早期唯一建在河西的学院。

　　图片是面向剑河 (又叫康河) 的一扇古色古香的富有典雅雕饰
语言符号的窗。——剑桥校园的窗深深打动了线条诗人余工。加
上学院校训又给余工投射了一束哲学智慧亮光:"坚守你的信念!"

　　信念有两层 "Law and Order",即 "自然律和道德律" 相交又为
一个无形十字架。无形十字架写在无形的旗帜上。

　　关于 "坚守你的信念",我们理应写本21世纪的《失乐园》。我
们今天的信念仍旧是弥尔顿的: 万物之先有混沌,然后才产生了秩
序 (Order)。上帝造了秩序。秩序是上帝的化身。哪里有秩序,哪
里便有上帝的身影。

永恒的麦克斯韦

量子论创始人普朗克和相对论创始人爱因斯坦只要一谈起剑桥大学的麦克斯韦，便肃然起敬。

今天，人们总是把牛顿和达尔文的英名同剑桥联系在一起，其实还缺了一个，此人便是麦克斯韦。这便是剑桥苍穹的三颗大明星。

——2012年秋凉的日子

21世纪的人类文明如果是一座雄伟、壮丽的大厦，那么，麦克斯韦的成就便是其中奠基石之一。

在我们今天的家用电器里头都隐藏着这块基石。一旦拿掉它，你的电视、电脑和手机马上便玩不转！

这是一点也不客气，毫不含糊的！

是的，我没有说错：你的手机、电脑和电视是建立在多块基石之上的。剑桥的麦克斯韦提供了其中一块。前天我坐地铁，我点了一下数，一节车厢内低头玩手机的有8个！在这里我想告诉读者：

如果我把麦克斯韦物理学成就拿掉，你的手机马上便会没有了信号，地铁车厢也会熄灯，列车会停在一处动弹不得！

可见，好几百年的英国剑桥离我们不远，它不是远去的历史，不是一堆发黄发霉的故纸堆，它就在我们全身的微血管里日夜流淌，成了我们生命的组成部分。

前些年有篇新闻说，澳大利亚有位中年妇女在临终前有一个愿望：把自己的手机一块带进棺材！

2012年9月国外有篇调查说，如果有一天出门太急，你忘了带手机，你会怎样？估计很多人会说，要是走得不远，一定会回家去拿！

如果手机丢失、出现故障、没有电……你会感到"无手机焦虑症"（Nomophobia）。Phobia是个希腊语，即恐惧、忧虑。当然，手机是人类好几代一些最聪明的人合作制造的。

悼念某位英雄，常有一句话：

"他永远活在我们心中！"

麦克斯韦便是这样的英雄，尽管玩手机、电视和电脑的人也许并不知道麦克斯韦这个英国剑桥人的名字。

余工的手绘,在他营构的富有诗意的校舍光影之中,会让你隐隐约约看到麦克斯韦那骸骨不存的有关"电与磁"的自然奥秘。——本质上,那是自然哲学之诗。(A Poem of the Natural Philosophy)。余工用线条之诗表述、回顾剑桥的建筑艺术,提醒千万读者记起剑桥自然哲学之诗是符合人类逻辑的。

* * *

麦克斯韦(J.C. Maxwell, 1831—1879),仅活了48岁,是个短命天才。苏格兰人,先后在爱丁堡和剑桥大学求学,最后死在剑桥。

1850年,19岁的麦氏转入剑桥,先后在彼得豪斯和三一学院攻读。24岁他成为三一学院的院士(Fellow)。1871年为卡文迪什第一任实验物理学教授,并着手筹建卡文迪什实验室。落成后,他为第一任主任。

他在科学史上是可以同牛顿相提并论的人物。对他,爱因斯坦最有资格概括:

法拉第-麦克斯韦电磁学是"物理学自牛顿以来一次最深刻和最富有成果的变革。"

20世纪美国杰出理论物理学家费曼(R.Feyman)在他的那本风靡世界各大学《物理学讲义》一书中作了如下评价:

"从人类历史的一种长久观点来看——例如从自今往后一万年的观点来看——,几乎毫无疑问,19世纪最重大的事件是麦克斯韦发现的电动力学定律。"

他的电磁理论主要有如下特点:

1. "麦克斯韦方程组"改变、塑造了今天的世界。人类第一个登上月球的阿姆斯特朗的那句名言"这是个人的一小步,却是人类的一大步","麦克斯韦方程组"便为这"一大步"作出了重要贡献。

2. 电磁波的存在是上述方程组的逻辑结论。——是的,The Human Logic(人类的逻辑),人类因它而生存。从17世纪剑桥的培根开始,有意识地梳理、提炼"人类逻辑",使其符合"自然秩序"(The Natural Order)是剑桥大学精神的核心所在。

麦氏关于光的电磁本性的学说,是把电磁学和光学统一了起来,完成了对"大自然-上帝"或"上帝的大自然"体认的一次伟大综合。

这是在电磁学和光学之间架设起了一座无形的、普遍世界的桥——The Universal Bridge。

3. 电磁波预言的实验证实,意味着无线电通讯、自动控制和远距控制等部门的急剧发展,从而全面影响并进一步塑造了人类现代文明。

此外,在热力学、分子运动论和统计物理学领域,麦氏的重大贡献也写进了今天21世纪的大学物理学教科书。

别忘了,这些载入史册的成就同余工线条光影之中的剑桥校园建筑场域有关联。麦氏的理论凸显了"电磁场"的实在性,即物理场,那么,建筑也有建筑场吧? 也有建筑艺术场吧?

图: 画家余工笔下剑桥一座教堂圣坛局部。他的简洁、空灵的线条妙在转韵, 这是他的长处。

麦克斯韦对电磁学的不朽贡献恰好是抓住了法拉第的"力线"概念, 完成了电与磁之间的相互转韵。

这是麦克斯韦在"上帝的大自然"圣坛上感知、顿悟到的自然之诗的转韵, 即在电与磁之间架桥、搭桥。这是不是造物主托梦给他的?

图: 人类登月, 从月球上看地球。

于是人类才开始猛醒: 发现、真正认识地球在宇宙时空中的处境只有离开了地球, 从月球上去看, 才能获得一个崭新的角度!

没有麦克斯韦的电磁学 (里面有高深尖的数学语言), 现代电工学是不可能的。没有自动控制、远距控制, 人登月和太空无线电联系便是一句空话!

剑桥大学对近现代人类文明的贡献是巨大的。——基于这种认识是余工和我撰写本书稿的最深层心理动机。谈论剑桥有多个角度。我们的"二重唱"只是其中一个。余工的线条语言, 光影之中, 有他的特色。

开尔文勋爵的丰功伟绩

——用数字（in Number）说事

他是一个用数字（ in Number ）谈论世界的人。他只能出自剑桥。从我国农耕文明的书院精神，走不出这种人。

——2012年秋凉的浦东

开尔文勋爵（ Kelvin, William Thomson, Lord, 1824—1907 ），19世纪英国维多利亚时代伟大物理学家和数学家。

苏格兰人，先后求学于格拉斯哥和剑桥大学。在我的青年时代，他有句格言让我把他牢牢记住了：

任何一件事物，你只有用数字（ in Number ）把它说出来，你才算掌握了它；否则，你对它就没有真正明白。（ 大意 ）

半个多世纪以来，这句话已经流进了我的全身微血管，尽管我没有成为数学家，也没有成为用精确数字说话、做事、为职业的人。

比如，你说明天会很冷。我对你所说的，没有一个很明确的概念。若是你说，明天的气温会降到零下6度，这时候，也只有这时候，我才算明白你所说。但还不是绝对明白。因为空气湿度也是决定人的冷热感觉的因素。湿冷比干冷更不好受。

再比如，你说最近在银河系发现了一个螺旋状的星系，离地球很远很远。我对你所描绘的是很模糊的。若是你说，这个星系离地球有10光年，而1光年的距离为9.460 5万亿公里。这时候，也只有这时候，我才清楚你所说。

作为剑桥19世纪物理学家，开尔文习惯开口用数字谈论事物是对头的，这也符合剑桥大学推崇、敬畏数学的传统，并用一句通俗、平常的话语表述了出来。——这是开尔文的气质吐露。古人有言："人之文章，多似其气质。"

1845年，21岁的开尔文以"数学优等生"毕业于剑桥，22岁即为格拉斯哥大学"自然哲学"（ Natural Philosophy ）教授。他深受法国伟大数学家傅里叶（ 1768—1830 ）的影响。

正是傅里叶的热传导数学理论（后扩充为《热的解析理论》），启发了开尔文思考通过导线的电流扩散这个课题，完满解决了通过大西洋海底电缆发送信号所遇到的困难。

关于海底电板实验早在1837年就开始了。第一个横跨大西洋的电缆于1857年开始铺设。翌年8月5日，实现了美英之间第一次电缆通信。后来开尔文计算了在1866年铺设成功的全新的大西洋电缆最好的比例，并设计了用于发射信号的仪器。——也正是在这一铺设和仪器设计的过程中，他道出了"用数字"（in Number)说事物的那句名言。这很能代表剑桥大学的精神。

我喜欢用数字（in Number)说出道哲学。汉代大哲学家董仲舒有言："天之道，有序有时，有度有节……"这话讲得在理，很大器，也很哲学，说的是有关自然秩序（Natural Order）。但给人空洞无物、不着边际、落不到实处的感觉。若是遵照开尔文爵士的原则，用数字具体指出"度"和"节"究竟是多少，那便是剑桥的自然哲学观，才有今天的电视、电脑和多功能手机。

中国书院精神是避开用数字（in Number）说事。

18世纪我国著名思想家魏源（1794—1857）还在老调重弹，生怕同数字（Number）沾边："道即所谓常道"；"天之道，地之理，人之势……"

在谈到冷热现象，魏源闭口不谈数字："物之凉者，火之使热，去火即复凉；物之热者，冰之使凉，去冰不可复热……"这样的话是标准的废话，等于没有说。（魏源比开尔文年长三十岁）

开尔文主张用数字说事有个大前提：

依赖测量和使用科学实验仪器。

17世纪的西欧人发明了6种重要仪器，这是决定性成就：温度计、气压计、摆钟、显微镜、望远镜和空气泵。到了18和19世纪，这些仪器的精密度大大提高了。

剑桥的开尔文的主张为现代人类工业文明之旅拉开了帷幕。为了说明问题，下面我仅用数字（in Number）说说功率、电荷和电流的那些事（若是不用数字，怎能把相关的事说清）：

功率

	英热单位/小时	英尺·磅/秒	马力	卡/秒	千瓦	瓦特
1英热单位每小时 =	1	0.216 1	3.929×10^{-4}	7.000×10^{-2}	2.930×10^{-4}	0.293 0
1英尺–磅每秒 =	4.628	1	1.818×10^{-3}	0.323 9	1.356×10^{-3}	1.356
1马力 =	2 545	550	1	178.2	0.745 7	745.7
1卡路里每秒 =	14.29	3.087	5.613×10^{-3}	1	4.186×10^{-3}	4.186
1千瓦 =	3 413	737.6	1.341	238.9	1	1 000
1瓦特 =	3.413	0.737 6	1.341×10^{-3}	0.238 9	0.001	1

电荷

	电磁库仑	安培小时	库仑	静电库仑
1电磁库仑 =	1	2.778×10^{-3}	10	2.998×10^{10}
1安培小时 =	360	1	3 600	1.079×10^{13}
1库仑 =	0.1	2.778×10^{-4}	1	2.998×10^{9}
1静电库仑 =	3.336×10^{-11}	9.266×10^{-14}	3.336×10^{-10}	1

1电子电荷 = 1.602×10^{-19} 库仑。

电流

	电磁安培	安培	静电安培
1电磁安培 =	1	10	2.998×10^{10}
1安培 =	0.1	1	2.998×10^{9}
1静电安培 =	3.336×10^{-11}	3.336×10^{-10}	1

从一开始,热力学便同数字捆绑在一起。

在热力学第二定律方面,开尔文也有重要贡献。他用剑桥自然哲学家的口吻说出了以下自然法则和秩序(Law and Order),今天全世界的大学物理学教科书都列出了他对该命题的表述:

不可能实现这样一种转变过程,其最后结果仅仅是从温度不变的单一热源取得热量并将它完全转变为功。

这才是"有序有时,有度有节"的"天之道"。它只能出自西方大学精神——实验加上数学的"实验哲学"——,而不可能源自我国的书院。

开尔文爵士的成就还在于修正卡诺的论证,使它符合热的机械运动理论。他的绝招在于用公式定量地表述热力学第二定律及其一些重要推论。

在19世纪晚期原子领域,开尔文提出的原子模型也载入了物理学史册。他的雏形为后来的J.J.汤姆孙吸收,再由卢瑟福和玻尔等人提炼,修正,不断走近真实。

有则笑话很能形象地说明人类对真理的探索路线: 有人吃烧饼,第一个下肚,没有饱;又买一个,还不饱;再吃第三个,最后饱了。此人后悔: 早知第三个能饱,不该吃前面两个。

此人没有一丁点自觉的科学历史意识,违反了剑桥大学精神。

开尔文提出的原子模型便是"第一个烧饼"。

话又说回来,今天从焦虑人类及其文明命运角度去看,不该有开尔文的烧饼。有了,才出现了今天核危机威胁整个地球。

1907年开尔文爵士逝世,他的遗体安葬在牛顿墓的近旁。

威斯敏斯特大教堂这时会响起葬礼的颂歌(自《箴言书》):

"快乐——属于找到了真知灼见的人; 属于获得了理解力的人。"

人类只有通过数字(in Number)才能获得对大自然的真正理解力。但动用数字(定量而不是定性)语言的时候,千万要注意善恶方向。——这便属于"人文"(人道)这个环节了。

图: 王家（国王）学院大门口，古老风格的建筑语言符号系统是通过数字
（ in Number ）和尺寸在朗诵，使来到剑桥的中国人想起道起始于一，天得一
以清，地得一以宁，人得一以生，神得一以灵，故曰"天地人神"，四合一也。

　　开尔文爵士是神的代言人。他的有关数字的命题可以帮助我们走近、理解
剑桥大学校园建筑艺术的美。因为里头有绝对的数字和数字的绝对。庄严、
神圣和静穆，都是数字造成的。

　　其实，画家余工线条的疏密、彼此间隔、长短比例、黑白成分……在深层、
骨子里也有个数字（ in Number ）问题。古希腊有个数学哲学学派宣称： 数
字（Number）统治、支配宇宙。

　　余工手绘艺术的成就是在暗地里由数字取胜的。

图: 贡维尔及凯斯学院建筑风貌一瞥。

为什么余工的线条编织会给人抑之欲其奥, 扬之欲其明, 疏之欲其通, 约之欲其节的清朗感觉印象呢? 说到底是它符合数字 (in Number) 或尺寸比例关系的缘故。

开尔文爵士提出的命题是对头的。它适用于普遍世界。违反它, 人类社会秩序也会崩溃。比如养老金制度, 贫富差距等同样可用数字来计算、审视。用数字才能把事情说清, 说到点子上, 节骨眼上。

Gonville & Caius colleye. Cambridge
余工 2012.3.12.

图：剑桥校园一景。

余工的线条畅达鲜明，检摄节制——疏通而不流，博富而有约，是因为画面布局和构成符合开尔文爵士的数字（in Number）原理。它是"放之四海而皆准"的。

只有这样的线条和光影比例数字才能揭示剑桥校园建筑之诗，才能传达校训和大学精神。

余工掌握了曲线透视法，即线、面和体的曲。

Cambridge 小学院
余工 2012.8.10

从卡文迪什实验室走出了一批人杰

——实验哲学与自然秩序（Natural Order）

在今天全世界著名实验室中，卡文迪什实验室是一个。

——2012年9月17日清晨5点

我不知道，在剑桥卡文迪什实验室的大门口上方是不是有块牌子，上面写有庄子的格言：

"判天地之美，析万物之理。"

作为一个中国人，我希望能写上。其实有块隐性的牌子一直就挂在那里。在剑桥，看不见的比看得见的更基本。——余工手绘剑桥建筑也有看得见的和看不见的这两个层面。建筑为剑桥校训和大学精神组织、营构了空间，而校训和精神则是大学的灵魂，它却是用肉眼看不见的，需要用到心眼和神眼。

一、玻尔

玻尔（N.Bohr,1885—1962），丹麦伟大的有哲学气质的原子物理学家。按我的标准，他是"自然哲学家"（The Natural Philosopher）。——这正是剑桥培养出来的。在20世纪10名塑造现代人类文明格调的科

学家当中，玻尔算一个。1922年他荣获诺贝尔奖。

他先后在哥本哈根和剑桥大学求学，进修。

剑桥离伦敦不到100公里，通火车。刚到站台，在他脑子里即冒出了英国著名哲学家斯宾塞（H.Spencer,1820—1903）的诗句：

"剑桥，我的母亲！

在她那顶桂冠上，

环绕着多少智慧，多少沉思默想！"

这四行诗句通过早年一位学子把母校的校训像吐纳珠玉似地朗诵了出来！

当天晚上，玻尔写信给丹麦的女友：

"我真想对你讲，当我见到'剑桥'（Cambridge）这个字的时候有多么激动！"

玻尔说，他在剑桥小镇的招牌上和店铺里的橱窗总是着了迷似地盯住"剑桥"这个有魔力的字看来看去……

"剑桥"这个字是个符号,它表示了许多,代表了牛顿、麦克斯韦和达尔文,代表了两个层面的Law and Order,有个无形的十字架镶嵌在一面无形的旗帜上……

这才是"剑桥"这个字的魔力。

这是1911年26岁的玻尔在剑桥开始做研究工作的时期。当时他的导师是汤姆孙(J.J.Thomson)。玻尔非常崇敬这位前辈,称呼他是伟人。

休闲时,玻尔着迷于剑桥的校园。10月,草地上的灌木结出熟了的红色浆果。高大的橡树给秋天染上了绚丽色彩。在家信中,玻尔写道:

"我出去作美好的散步,草地真是异常美,然而最奇妙的却是飘浮着巨大云团的秋日的天空。"

进入冬天,玻尔在壁炉旁听木柴劈啪响,并阅读英国经典小说《大卫·科波菲尔》。狄更斯是他的英文老师。他喜欢冬日的剑桥,特别是白雪覆盖的小街和教堂……

他喜欢杰出的前辈卢瑟福从曼彻斯特到卡文迪什实验室来同大家度过一年一度的聚餐会,然后做讲演,再一块合唱。

玻尔说他喜欢橡木桌子餐厅,两旁摆着长凳。他仰慕的卢瑟福坐在高桌边。——这是剑桥好几百年的古老传统。高桌(High Table)位于长方形餐厅的顶端,有些地板比其它部分高出几英寸,是院长、院士用餐的专座。高桌背后墙上挂着校徽和学院创办人的大幅油画像。在高桌上用餐者都坐舒服的软垫靠椅,使用银制餐具。低桌(Low Table)则是研究生和本科生用,坐的是硬木长凳。这是剑桥的区别,有区别才成其为秩序。世界是秩序。

有的学院每星期一研究生可以同院士共进晚餐。玻尔虽然在卡文迪什实验室只做了半年的实验工作和理论研究,但剑桥的气质却感染了他,给了他难忘印象。

1913年,玻尔在英国著名的《Philosophical Magazine》(哲学杂志)分三次发表论文,被后人称之为三部曲,对人类认识原子的内部结构有重大突破,并且改变了物理学。

1922年玻尔在荣获诺贝尔奖发表讲演时,题目便是"原子的结构"(Structure of the Atom)。他的三篇论文同《哲学杂志》有关吗?——这便是剑桥几个世纪的传统了。英国那本杂志是牛顿《自然哲学的数学原理》的内涵。剑桥偏爱叫哲学,而不是物理。事实上,后来玻尔一生的道路都带着很深的剑桥自然哲学的色彩,包括以他为首的著名的"哥本哈根学派",成员有20世纪量子力学几个领军人物如: 海森伯、泡利、玻恩和狄拉克等。后来,玻尔在各种场合发表了一系列言论,如:

"量子力学是经典力学的一个推广,适合于容纳所存在的作用量量子。"

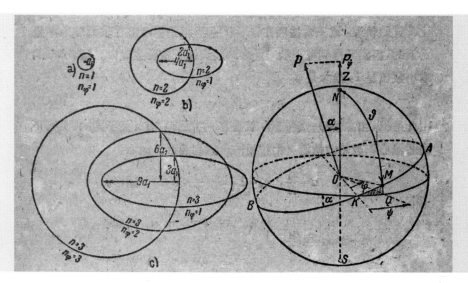

图:玻尔的电子轨道示意图,包括由拉长的椭圆到圆形,以及电子在空间的位置是由三个极坐标表示的。

今天,全世界的大学有关"原子物理学"教科书都把这个几何图形收录了进去。不过,这对人类的前途是福还是祸?看来是祸大于福。

剑桥校园建筑场域有助于想象力的生成。在本质上,玻尔的电子轨道图是想象力的产物。我无法设想,玻恩工作、生活在脏乱差的贫民窟,他的丰富、高、深、尖的想象力照样会冒出来。

St. John's College Cambridge.

图: 圣约翰学院空旷的草坪给人们留有想象力的空间。

我们要努力见出看不见的那面迎风招展的旗帜, 上面用无形的文字写了多句剑桥智慧格言。

如果你没有看见, 你对剑桥精神的认识是不够的。你要回去补课。作为一个地球人, 剑桥永远是你的博士班课堂。

同剑桥校训和它的高高飘扬的无形旗帜在一起, 人是不会老的, 心脏永远不会出现皱纹。

本图片为余工的绘画透视, 即风景速写。近者清晰远者模糊, 富有远近空间感的视觉效果。

图: 未完成的剑桥街景。当白雪覆盖着通往教堂的小街, 两旁的橱窗显
示出人情味的色彩, 那景色便更迷人。

自然哲学家首先是人, 然后才去吟唱"天地"自然之诗。最完美的是
"上帝·大自然·人"（God Nature Man）之诗, 是"四道结构"之诗。

这才是剑桥校训的内涵。

图: 余工笔下, 光影之中的剑桥小城又一街景。古老建筑对面有商业氛围。灯光照明的橱窗摆设, 给人异样感觉, 给新入学的学子和访问学者难忘印象。

上世纪 1955—1961 年北大对面的海淀镇的一切 (包括小饭馆, 可惜没有茶楼, 更没有咖啡屋) 并没有给师生留下值得回忆的东西。六十多年来, 从我国大学没有走出一个诺贝尔奖金获得者有多个原因, 大小原因纠缠在一起, 阻碍了我们走出一个! 剑桥大学精神是一面镜子, 今天我们照一照, 追问一下:

我们为什么出不了一个诺贝尔奖得主?

图片体现了余工笔下线条的透视方向和透视状态的变化律动。

经典力学指的就是剑桥的牛顿力学!

玻尔又声称:"在量子论中,客体和测量仪器之间不可控制的相互作用迫使我们放弃因果描述。"

而因果律却是牛顿力学自然哲学描述的基础。哥本哈根学派却遭到普朗克、爱因斯坦这一派的反对。

可见双方观点非常对立,不容调和。它发生在20世纪。不过今天塑造我们生活方式的电脑、电视和手机的基础理论却是这两派自然哲学家提供的,包括有多个基本物理常数或叫万有常数(The Universal Constants)的精确测量。

二、康普顿

康普顿(A.H.Compton,1892—1962),美国人,在乌斯特学院毕业后,进入普林斯顿大学。后在英国剑桥大学卡文迪什实验室进修,导师还是J.J.汤姆孙。康普顿和玻尔都是同一个剑桥名师指点。

1927年,35岁的康普顿因发现了"康普顿效应"(The Compton Effect)而荣获1927年诺贝尔物理学奖。

该效应对光子是粒子形式的光量子这一自然哲学概念提供了有力证据。——康普顿做的实验正是培根所说的"决定性(判决)实验",符合剑桥大学"实验哲学"精神。

今天,全世界大学物理教科书在论述爱因斯坦光子理论之后,紧接着便要安排"康普顿效应"这一小节。意味深长的是,提出光是粒子的第一人正是剑桥的老校友牛顿!

康普顿是位具有深沉、虔诚宗教感的物理学家。他笃信"大自然的上帝"或"宇宙上帝"(Universe-God):

"我们对大自然了解得越多,对大自然的上帝(The Natural God)以及它在宇宙大戏剧中所扮演的角色就会有更好的理解。"

在他看来,宇宙大舞台上的一切戏都是由"宇宙上帝"编剧、导演的。——这也是剑桥大学的传统见解。那是牛顿的自然哲学开的头。

剑桥大学校园的一切,尤其是古色古香风格的建筑营构的厚重"大气候"或场域有助于科研人员内心的"大自然宗教感"。

康普顿作为一个短期的访问学者来剑桥进修,是走对了地方。因为剑桥是个启蒙之地,智慧之源。

三、威尔逊

威尔逊(Ch.T.R.Wilson,1863—1959),苏格兰物理学家,在曼彻斯特和剑桥求学。

1925—1934年任剑桥自然哲学教授。分明是物理学教授,剑桥则偏爱说"自然哲学"(Natural Philosophy)。——这里有剑桥传统精神在。值得我们注意的是,有"剑桥哲学学会"(The Philosophical Society)这样一个学术组织。

根据我的解释,"自然哲学"是智慧,"物理学"仅仅是知识。智慧高于知识,属于两个层面。所以在剑桥校训中不说"知识之源",而说"智慧之源"。

求知不能构成"舵",追求智慧才能够。

威尔逊一生的成就很多,主要一个是发明了云雾室方法(The Cloud Method)。

这一发明多亏了卡文迪什实验室导师、被玻尔称之为伟人的J.J.汤姆孙的点拨。这才叫"与君一席话,胜读十年书"。这也说明,一位学者的成长有必要去世界其他一些大学作访问(即便是半年的短期),这样可以有机会与不同视角、思路、观念进行交流,营养、壮大自己。出奇制胜常常就是来自这样的交流。——这是蜜蜂采百花酿成蜜的道理。这是大自然—上帝的暗示。

"上帝就是光"(God is Light)是写在剑桥校园上空那面无形旗帜上的一句无形无声的自然神学智慧格言。有一天,卡文迪什实验室的J.J.汤姆孙向威尔逊提起,说威尔逊需要制成一种特别的仪器,能够显示各个电子经由空气时所走过路线留下的痕迹。——可见学生、研究生、助教、讲师同杰出导师交谈的重要性。注意导师的思路。

剑桥大学精神的可贵在于拓宽你看世界

的思路,包括剑桥上百年古色古香屋的天际线同飘浮的白云对话,窃窃私语……

威尔逊一直把J.J.汤姆孙的点拨牢记在心。

1927年威尔逊在接受诺贝尔奖时发表演说[①],劈头盖脑第一句便是回忆起"云雾室方法"的来历(与导师J.J.汤姆孙和卡文迪什实验室仪器制造车间关系密切):

"1894年9月,我在苏格兰最高山峰本奈维斯(Ben Nevis)山顶上的天文台住了几个星期。当太阳照耀着围绕山顶的云层时出现了令人惊讶的光学现象。(The Wonderful Optical Phenomena),特别是围绕太阳或围绕山顶或观察者投在云雾上的影子周围有颜色的光环,大大激发了我的兴趣,并促使我期望在实验室中去模仿它们。"

在这里,我想作以下两点说明:

1. J.J.汤姆孙的点拨在先,山峰观察在后。

2. 威尔逊对光学现象的惊讶心理特别重要。The Wonderful Optical Phenomena这句自白是关键。我说过,自然哲学起源于惊讶。更广义地说是"哲学起源于惊讶"。

广义的哲学正是"四文"和"四道"。

1911年威尔逊在卡文迪什实验室亲眼看到了带电粒子运动的轨迹。那年他利用剑桥仪器制造车间不断改善"云雾方法",居然可以看到高速运动粒子发生碰撞使路径突然改变的情形!

基本粒子发现史都要提到"云雾方法",威尔逊的自然哲学智慧同大自然(山顶云雾)的启迪有关。这里难道没有剑桥校园教堂尖顶指向秋日天空的云彩和教堂夕阳缓钟,更闻枫叶下,淅沥度秋声的潜在暗示吗?

威尔逊是位手脑并用的灵巧诗人科学家。这是剑桥大学精神鼓励所致。他善于做各种实验。当时,全剑桥没有一个人能做出比他更出色的实验。

实验室是什么?

它是人工造的第二大自然;是大自然按照诗人科学家的设计典型化了、浓缩了的大自然神庙。

那是科学家同"上帝—大自然"密谈的工作室。科学家提问,"大自然—上帝"回答。所用的语言是数学。——17世纪牛顿的光学实验做出了样板。实验哲学的最高目标是揭示自然秩序。

上帝—宇宙或宇宙—上帝(Universe-God)的强力意志是通过自然秩序显示自己的。

实验室的仪器装置是什么?

是"实验哲学仪器",是"道(Dao,或写成Tao)哲学仪器"。威尔逊自己动手制造"云雾室方法的仪器",所以是一位手脑并用、非常灵巧的诗人自然哲学家。

剑桥校训和大学精神召唤广义诗人。那里的咖啡屋氛围也在召唤,当然还有剑河上的数学桥。

四、爱丁顿

爱丁顿(A.S.Eddington,1882—1944),20世纪具有深沉"宇宙宗教感"的剑桥大学天文学教授、剑桥天文台台长、杰出物理学家,爱因斯坦好友,曾这样表白过他的信仰:

"现代物理学必然把我们引向上帝——而不是远离它,——没有一位无神论的发明家是一位自然科学家。所有这些无神论发明家都是些平庸的哲学家。"

这里有剑桥大学精神的核心在。那是早在牛顿手里奠定的,铸造的。这也是剑桥代代相传

---

① 在我的书架上有多卷本《物理学诺贝尔奖得主讲演集》(英文版),在这次写作时,我用了。在书中许多地方都提起剑桥大学一些学院。许多年,我一直偏爱把物理、化学和生物学看成是The Natural Philosophy(自然哲学)。这种视角符合剑桥大学精神,也营养了我,拔高了我,拓宽了我。

的传统,恰如那里的校舍建筑屋顶天际线同剑河两岸秋风多,雨相和,萧萧枫树带夕阳营造的厚重、幽远、阔远和迷远的氛围有利于爱丁顿心目中的上帝生成……

本质上这是"剑桥的上帝"(The Cambridge-God)。牛顿的《自然哲学的数学原理》为追寻"剑桥的上帝"奠定了坚实基础。

"剑桥的上帝"若用四个汉字概括便是:"敬天爱人"。

这是"天文地文人文神文"的同义反复。

可见汉语的表达力有多么卓越,高度概括!

爱丁顿的著作甚丰,主要有:

1.《Stellar Movement and the Structure of the Universe》(星球运动和宇宙结构),1914;

2.《Space,Time and Gravitation》(空间、时间和引力)1920;

3.《Stars and Atoms》(星星和原子),1927;

4.《A Generalisation of Weyl's Theory of the Electromagnetic and Gravitational Fields》(有关电磁场和引力场的外尔理论的概括),1921。

这里我想作如下三点解读:

A. 这些著作的视野代表了20世纪初剑桥大学阔广、渺远和厚重的气度。爱丁顿仿佛是一位渔夫,企图把一张大网撒向宏观宇宙和微观的原子世界。

B. 空间、时间和引力是一个永恒的课题,近一百年来全世界发表了千百篇有关论文和专著。

追问"空间、时间和引力"的起源本质上是追问上帝的起源。——这是一个不可解的问题,是个死结。

英国《星期日电讯报》2012年9月9日有则科学新闻引起了我的高度关注。

35年前(即1977年9月5日)发射的"旅行者1号"宇宙飞船即将首次脱离太阳系,离太阳约有110亿公里之遥,并以每秒8公里的速度向更远的宇宙空间猛冲……

美国航天局说,飞船非常靠近我们太阳系的边缘。自从它发射之后,地面只有通过无线电才能同它联系。别忘了,无线电的发祥地是剑桥卡文迪什的麦克斯韦预言!今天信息传回地球

要用17个小时。(光速为每秒约30万公里)

美国航天局、实验室、主要大学(哈佛和加州……)的"祖父母"都在英国的剑桥大学等教育机构。大学精神的谱系树和继承关系可以说明这一点。

美国大学同英国大学在本质上有继承和谱系的血缘关系。

C. 第4本书说的是统一场论。爱因斯坦为此耗费了多年的心血,最后不了了之,用得上这样两句中国古诗词:

"江声不尽英雄恨,天地无私草木秋。"

这两句弥漫着一种大悲壮的厚重和厚重的大悲壮。——这是人类追寻"哲学的上帝"的命运。

我仿佛看见在剑桥校园的上空飘扬着一面无形的旗帜,上面写有这两句。

不悲壮,便不是剑桥大学精神!"旅行者1号"正在突破太阳系最边缘的宇宙之旅正是大悲壮。

注意,悲壮不是悲哀。"天道地道人道神道"四重结构本身即被大悲壮缠绕。

读者哟,你从余工笔下光影之中的剑桥建筑场(Architectural Field)是否也感受到了剑桥一种特有的悲壮呢?

如果感受到了,他的富有透视学精神的手绘便是成功的。

关于"场"(Field),我想引用爱因斯坦在"相对论和空间问题"一文中说的一段话:

"不存在空虚空间这样的东西,即不存在没有场的空间";"空间—时间……只是场的一种结构性质。"

"为了揭示笛卡儿观念的真正内核,就要把场的观念作为实在的代表,并同广义相对性原理结合在一起;没有场的空间是不存在的。"

意味深长的是,正是剑桥的麦克斯韦大大丰富了、精确化了、数学化了法拉第的力线观念,指出了电磁场的实在性。这便成了20世纪一种崭新的、极其重要的连续体——物理场。

至于我,则把该场引进了建筑哲学,于是便有了剑桥大学的建筑场以及余工笔下光影之中的建筑场。它有助于我们走近剑桥校训和大学精神。

图：剑桥圣约翰学院柱头塔尖雕饰，围绕它，有一种建筑场弥漫。

从中透出了悲壮氛围。余工笔下的光影挣脱不了现代光学观念所包含的牛顿和惠更斯图象的两种元素。光被认为具有双重性。某些现象（例如干涉）显示出光的波动性；而另一些现象（例如光电效应）则披露出光的微粒性。

那么，光的本质究竟是什么？

这一追问等于拷问：上帝究竟是什么？

21世纪的今天也不好回答。一切有关光的事物，深层面上都有种悲壮氛围弥漫，因为"上帝即光"。

St John's college.
Cambridge.
柱头师塔尖淳(油)
余工绘.

剑桥——诺贝尔奖得主摇篮

——神的代言人

神不会亲口说，他要通过代言人去说。诺贝尔奖得主便是代言人。

剑桥是出代言人的"人杰地灵"的建筑场（Field）。荒原、旷野、山谷……无法收容、安顿代言人。校舍建筑空间才能够。

余工手绘剑桥建筑隐隐约约透露出了好几百年有一代代的代言人出来朗诵"善遍世界之诗"，那是"上帝—宇宙"（God-Universe）的声音回荡。

——2012年9月18日于浦东小书房

一、汤姆孙

汤姆孙（J.J.Thomson，1856—1940），英国19世纪和20世纪交接时期伟大的物理学家，曾在曼彻斯特和剑桥大学攻读，自1884年，年仅28岁的汤姆孙成了剑桥大学物理学教授。

1918年他担任三一学院院长（Master）。

世界著名的实验室之一卡文迪什实验室便是在他手上建立的。许多闻名于世的科学家都是经由他培养的。其中有8位诺贝尔奖金获得者。——应验了"名师出高徒"这句话。

在有关物质结构的研究历史上，他有天才实验家之称。当然，在理论方面，他也是一位伟人。1906年，他荣获诺贝尔物理奖。

1883年，他首创了原子结构论。1897年，他通过对阴极射线的研究测定了电子的荷质比。这是基本物理常数之一。它和光速、万有引力常数和普朗克常数等十多个万有（宇宙）常数（The Universal Constants）处于并列地位。

它们是上帝派来的天使们。人见不到上帝本人，却能见到天使。——剑桥大学的最高精神是见到天使，并听到天使们在歌唱。于是我又记起弥尔顿的《失乐园》：

"现在全能的天父从天上……俯身鸟

瞰……立刻尽收眼底：在他的四周，站着天堂所有圣洁的天使……"

弥尔顿的下列诗句把我们的视野再提升一层，更看清了剑桥发现和测定的基本物理常数的意义和价值：

"天上之光，如此丰富，但愿你能射进我的内心，穿过五脏六腑，照亮我的脑海，就在那儿给我种植双眼，从那一刻起，所有雾霭都纷纷消散，清除干净，于是我可以看见，可以讲述凡人肉眼看不见的万事万物。"

十多个基本物理常数恰如我们的双眼，帮助我们看见了原先看不到的东西。——这才是剑桥大学所追求的最高东西。

汤姆孙因为一心扑在科研上，几乎忘了结婚。露丝小姐再也等不下去，只好提笔给他求婚：

"现在，你是年轻的皇家学会会员，最崇高的卡文迪什教授。亲爱的，我们该结婚了吧？"

34岁的汤姆孙终于结了婚，生起了家室的炉火，国王和王后也表示祝贺。不久他便完成了《电与磁的数学基本理论》。——这是剑桥自然哲学的数学原理的继续。1916年他出任皇家学会主席。

二、卢瑟福

卢瑟福（E. Rutherford，1871—1937），生于新西兰，祖籍苏格兰，卒于剑桥。

研究领域：原子物理，核物理，放射性化学。

1908年荣获诺贝尔化学奖；1925年任英国皇家学会主席。

1918年8月卢瑟福接替J.J.汤姆孙为卡文迪什教授兼实验室的指导，将该实验室推向了一个新阶段。——剑桥大学精神是场接力赛，代代相传，后浪推前浪，一浪高一浪。

他一生有多项重要发现，其中一个是发现原子有核，以及在人工核嬗变和元素的人工转变方面作出了贡献，以致于著名的爱丁顿发表评论说："卢瑟福在1911年引进了自德谟克利特以来我们有关物质观念上的最大变化。"

发现原子有个核，这对人类及其命运究竟是福还是祸？我看是祸远远大于福！

"核武器"正是来自卢瑟福发现的原子核。他首先知道了原子有核存在，后来才有人打开了核大门，之后才有原子弹和氢弹的出现。

今天，我们有理由把核危机的根源之一——直追溯到剑桥的卡文迪什实验室。

西方的实验室有双重人格：

我承认，它是天堂的源泉，但也是地狱的火种。从实验室既飞出了天使，也冒出了魔鬼。

从剑桥校园又编织了20世纪《失乐园》的新诗行：

在《圣经》中，撒旦是专与人类为敌的魔王，他反对上帝，堕落为魔鬼，为与光明、行善力量相对立的邪恶、黑暗之源。

图：J.J.汤姆孙，世界著名原子核物理学卡文迪什学派创始人。（Founder of the World-famous Cavendish School of Nuclear Physics）

这里也是今天核武器的罪恶源头之一。早知今日将会毁灭人类文明和整个地球的核危机，何必当初创建卡文迪什学派？汤姆孙要负多少责任？要负责吗？

核武器同剑桥校训是水火不相容的！

今天，当剑桥校园草坪和树林上空回荡起教堂暮钟隔河闻，秋风萧萧，我们会作何沉思默想？

善恶与物理基本常数无关。它由神文或神道管辖。

Quayside.
The iron bridge was
built in 1823.
春于剑江伯手舟 cambridy
人心舍 2012.3.17.

　图: 剑河上又一座桥, 河水因小船而增色, 桥因船而绚丽。那天汤姆孙走上桥, 突然站在一处不动, 情感激荡, 再一次重读露丝小姐的求婚信, 喃喃地说了一句:

　"是该结婚了! 这些年, 我对不住她。哪有女方向男方求婚的道理? ——这不符合Order (秩序)!"

　有人说, 剑桥校园, 春夏秋冬, 一年四季, 都是男女谈情说爱最合适的地方。

　余工的反影透视图凸显了剑桥校园的魅力。

图: 剑桥又一座教堂。

当年汤姆孙结婚那天, 他和妻子从教堂走出来, 他觉得幸福吗? 余工好像看见这对新婚夫妻。

中国古人说: "洞房花烛夜, 金榜挂名时。"

这句话难道不适合剑桥一批伟人吗? 看来, 人生还是有意义的。我们每个人该去追求自己认定的意义。每个人心目中的意义不尽相同。追求科学、艺术和哲学创造具有同等的价值和意义。别忘了, 婚后汤姆孙常同子女一起学习弹钢琴。弹点琴, 画几笔手绘, 是人的文化素养, 可以提高生命的质量。剑桥的努力目标之一也在提高每个剑桥广大师生和精英的生命质量。

图: 圣凯瑟琳学院 (St. Catharine's College), 建立于1473年, 由保佑学习的圣徒凯瑟琳而得名。传说她在就义时被车轮肢解而死。今天, 该学院校徽的中心是个周围带刀的车轮。这是不是一个暗示或隐喻的符号:

在人的DNA中, 恶是人的与生俱来的本性或遗传基因?

在中国传统哲学中, 从一开始便出现了有关人性善还是人性恶的争论。看来, 好几百年剑桥大学没有对人性的善恶, 对人文、人道予以足够的重现。

剑桥大学过份推崇数学和理科, 对吗? 人类有必要打开原子世界的大门吗? 结果放出了魔鬼, 收不回去! 伊朗核危机便是例子。

中国传统书院精神强调定性的道, 定性的世界, 一心关注人生哲学, 关注"修身、齐家、治国、平天下", 虽然发现不了十几个基本物理常数, 但可以安康、太平过绿色的、可持续发展的农耕文明日子。想起核危机和当今一系列毁灭性的危机, 我糊涂了! 不知如何是好?

剑桥校训并没有错。"智慧"是指"自然律与道德律相交叉的十字架"。剑桥大小教堂所有十字架应作如是解释才是真理; 是"善真美"的排列, 而不是"真善美"。善理应统领真和美。只有善放在第一位才对头。

The guard room.
St catharine's college.
cambridge, you会.
2012.4.3.

《圣经》里的故事不幸成了今天的现实，都与西方实验室有关。（我国书院没有实验室，这又是一件好事）

* * *

卢瑟福的实验室成果累累，人才辈出，成了世界科研中心之一。这是由于他的组织科学才能，灵活多样的方式和方法促成的大气候造成的，如：

1. 科研和教学有机结合，以科研带动教学；

2. 实验室是进行创造性科研的场所，是科研人员同"造物主—上帝"恳谈的神圣地方：人提问，上帝回答。使用的语言是定量的数学。

3. 广泛开展室内外的学术交流，活跃学术思想，互通信息，让研究人员到别的实验室去参观访问，并保持密切联系。

4. 强调多学科合作。邀请国内外专家学者来实验室作短期工作访问和讲学。

5. 卢瑟福继承了J.J.汤姆孙的午后茶形式，——这是剑桥的午后茶，神聊，海阔天空，自由自如自在，不拘一格，没有师生和学科界限，即兴抒怀。——这便是剑桥的学术自由，如饮醇酒，为之陶醉，为余工和我激赏。

6. 卢瑟福是一位具有自觉科学历史意识的人。他尊敬知识的连续性和继承性。他说：

"很多成就和智慧的魅力应归功于过去那些伟人的劳动。"——这便是牛顿所说的伟人们的肩上。

双肩就在那里，看我们能否站上去？

孔子的格言"朝闻道，夕死可矣"好像响彻在剑桥校园上空！

经卢瑟福培养的诺贝尔奖得主约有十多人，是至今培育该奖获得者最多的一位大师。死后他葬在伦敦威斯敏斯特大教堂牛顿墓的旁边。

三、瑞利

瑞利（J. W. S. Rayleigh, 1842—1919），英国杰出物理学家，早年求学于剑桥大学三一学院，后任该学院实验物理学教授和皇家研究所的"自然哲学教授"。1904年荣获诺贝尔物理学奖。1908—1919年为剑桥大学校长。

在物理学多个领域瑞利均作出过重大贡献。这些成就都被看成是一颗颗海珍珠收录进了大学教科书，去启迪一代代年轻人，成为智慧源泉。——这种启迪和智慧之源理应越过剑桥窠臼，为全世界的财富。因为科学是没有国界的，为全人类共享。

在这里，我仅举"瑞利判据"这个例子。在光学望远镜或照相机物镜的焦面上有个光学分辨率的问题。判定该分辨率的条件便称之为"瑞利判据"，它比先前的判据更方便，如图（为瑞利判据）：

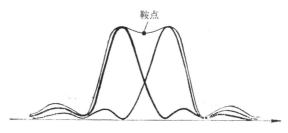

鞍点

图: 瑞利判据

类似这种判据或其它光学知识的全体在剑桥有个高贵、神圣的称谓：

自然哲学（The Natural Philosophy）。

从我读大学二年级下学期开始，我便懵懵懂懂走在追求"自然哲学"的道路上。半个多世纪，我一直忠实、虔诚地走着，内心回荡着孔子的箴言：

"朝闻道，夕死可矣！"

我领悟到，的确有种超越个体有限生命的崇高东西存在。——这次我拿起笔，配合余工的手绘，是受到双重鼓舞的结果：

从余工线条编织的光影透露出了剑桥校训和大学精神。这双重合成的魅力是我无法阻挡的，拒绝的。

剑桥自然哲学智慧的另一种说法是"自然秩序"。人性偏爱秩序，厌恶混乱。在人类社会，混乱也是不幸的根源。古人说，宁愿做太平犬，不作乱世人。

Look up !

Cambridge.
the lightning of church
YUGG
2012.3.13.

图: 剑桥一座教堂。

余工用合适的分寸, 检摄节制的几笔便把教堂建筑空间勾勒了出来。对这种神秘的空间, 卢瑟福会有种奇特的联想。当时他正在考虑、构思他的原子模型, 觉得开尔文和J.J.汤姆孙的模型不合适。他感觉到正电荷集中在只有原子直径的0.000 1的原子核的中心, "好像一座大教堂里的一只苍蝇。"

这个形象比喻的灵感是来自剑桥某大教堂建筑内部空间吗? 科学创造灵感素材总是来自现实世界。

CAMBRIDGE
Front court a
gatehouse,
KING'S COLLEGE

图: 王家 (国王) 学院, 从余工用线条编织的光影透视中透露出了剑桥校训和大学精神, 这双重的"世界普遍的诗"所形成的魅力, 是我无法抗拒的。那是一种无声的召唤。

我的心耳宛如贝壳, 聆听这声声召唤, 如同思念着大海有节奏的涛声, 值秋雁兮飞日, 当日露兮下时, 剑河两岸风萧萧而异响, 云漫漫而奇色……

四、狄拉克

狄拉克（P. A. M. Dirac, 1902—1984），英国人，早年在布里斯托大学攻读了两年数学，之后去剑桥圣约翰学院（St. John's College, Cambridge）做数学研究生。1932年刚好三十而立的狄拉克成了剑桥卢卡斯讲座数学教授。那是牛顿主持过的讲座。

可见，狄拉克当年探索量子力学前沿阵地的突破口选择了数学。他意识到，听懂"大自然的基本定律"（The Fundamental Laws of Nature）必须用到数学。我说过，英文Law有定律和法律的意思。也可以说，"大自然的法律"是用数学语言写成的。

揭示天上的"Law and Order"（规律和秩序）以及地上的"Law and Order"（法律和秩序）是剑桥大学的最高目标，也是它的精神所在。一个人有志气，一座大学也应有。

我国苏轼有言："读书万卷始通神。"此话不错。又说："博观而约取，厚积而薄发。"

数学便是最薄、最简约的一个抽象空筐。狄拉克紧紧握有它，并由渐悟到顿悟，始觉通神，即揭示大自然的Law and Order。

苏轼心目中的"神"与剑桥大学追寻的"神"在本质上是一个。

1933年狄拉克因对量子力学的贡献，同海森伯和薛定谔共同分享诺贝尔奖。在科学界，狄拉克对数学绝对美的推崇和敬畏是出了名的。他甚至说，如果实验同数学绝对美相抵触，他宁愿选择后者！这是他的审美标准。

在他眼里，与其说是"上帝的量子力量"，不如说是"数学的量子力学"。可见，他把剑桥对数学的敬畏推向了一个更高层面。

剑桥大学精神非常重要的一个元素是具有自觉的科学历史意识。这在狄拉克身上有典型表现。在回顾"量子力学的发展"这篇讲演中，他说：

"量子力学是在牛顿经典力学的基础上发展起来的。牛顿建立了他的力学定律，从此这些定律便支配了整个力学理论；我们发现，在用爱因斯坦相对论作某些必要的修正后，这些定律与许多大尺度的观测结果仍然符合得很好。只要把这些定律（Laws）用于宏观物体，就能得出正确结果。但当人们把这些定律用于微观物体，例如原子世界，这些定律就完全失效了。"

"我们称之为经典力学的牛顿力学是我们的出发点。利用麦克斯韦理论，我们可以把这个经典力学运用于描述电荷（带电粒子）的运动。但我们会看到，我们所得到的结果并不适用于原子。"

"与时俱进"是剑桥大学精神另一个基本元素。如果不"与时俱进"，何以能成为"智慧源泉"？

1978年狄拉克出了一本书《Directions in Physics》（物理学的方向），该书名便有一种"与时俱进"的味道。他谈到了"宇宙学与引力常数"。进入21世纪的今天，这个课题仍然鲜活，是科学界的焦点之一，特别是2011年"好奇"号火星探测器发射以来，经过8个多月，飞行5亿多公里，于2012年8月6日顺利登陆火星，并发回了登陆地附近火星地貌的照片。

值得注意的是，2012年9月21日（即登陆火星一个多月后），"好奇"号将对一块高约25厘米、底部宽约41厘米的金字塔形岩石作化学成分研究！

依我看，它的重大意义在于：表明"宇宙—上帝"（The Universe—God）用统一的化学元素构造了物质，再用"时间·空间·物质"去建造宇宙。——具有宇宙宗教感的剑桥传统自然哲学家一定会追问：

为什么"造物主—上帝"或"上帝—宇宙"要动用这三种基本"建材"（时间·空间·物质）

营造人类所感知的宇宙？目的是什么？

关于引力常数G，狄拉克认为，它会永远地越来越弱。宇宙不可能有最大尺度，它会永远继续地膨胀下去……

或者说，当G的值变得越来越小，引力强度与电力强度的比也会越来越小。

这是"宇宙—上帝"（The Universe—God）的强力意志表现。

牛顿→麦克斯韦→狄拉克是剑桥三代人。在他们心目中宇宙呈建筑结构，数学的本质是结构。他们都是具有宇宙宗教感的人。剑桥校园好几百年、不同风格的建筑估计会让他们情不自禁地联想起《圣经》这样两句：

因为每栋屋必有人造，

而建造万物却是神。

（**For every house is builded by some one；but he that built all things is God**）

这才是剑桥校园建筑艺术有力参与了剑桥大学校训的一个持久因素。

符合透视基本规律的余工手绘，用光与影，把校训传达出来了吗？传达了多少？——这是衡量他的绘画艺术成就最主要的指标。

＊　＊　＊

从剑桥走出来的多位物理学家、化学家和生理学家（包括研究生、进修生和短期访问学者），他们在各自领域荣获了诺贝尔奖，我在这里就不一一列举。

最后我只想引用《太平经》卷115—116的一段箴言：

"天地不与人语也，故时时生圣人，生圣师，使传其事。"

诺贝尔奖得主正是圣人、圣师。

不过文学奖得主常常缺少客观标准，容易起争议。

图: 剑桥圣约翰学院教堂。

在该学院, 狄拉克做过数学研究生。他认识到, 只有通过数学才能通神。

数学的王国即上帝的王国。

坐在教堂一个幽静角落, 他一定读到《圣经》那两句话, 那个宇宙神学命题。宇宙在本质上是座最宏伟、最壮丽的建筑。上帝手上握有三种建材:

时间·空间·物质。

有物质才有万有引力。

画家余工用简洁、洒脱的不多几笔便把教堂勾勒了出来, 从中隐隐约约披露出了《圣经》那两句, 叫人久久沉思默想。

在某种意义上, 余工是仅次于上帝的人。

The church of
St. John's' College.
余工
2012.3.13.

图: 剑桥潘布鲁克街, 因潘布鲁克学院而得名。沿街两旁立面高高的烟囱和多个排烟孔有独特的音韵和律动, 使人会重温这两句:

"因为每栋屋必有人造,

而建造万物却是神。"

余工的线条营造了光与影, 让我们走近了建筑的上帝——"造物主一上帝"是一位最伟大的建筑师。这是我看重他的手绘建筑艺术的最重要原因。在这张手绘中, 他的光影效果表现得最典型: 神妙独数光与影, 线条有神交有道。令我们一唱三叹!

图: 贡维尔及凯斯学院。

剑桥古色古香、不同建筑风格的屋会有一种奇妙的功能或潜在作用:

借彼之意, 写我之情, 自然倍觉剑桥建筑场的深厚, 善养我浩然之气, 日积月久, 有助于把人推向新境界:

"不畏浮云遮望眼, 自缘身在最高层。"

只有达到了数学层面, 才算是最高层, 即高屋建瓴。——这是狄拉克从渐悟到顿悟的视野。

Gonville & Caius
College.
Cambridge.
Great 南立面
西立面 8.12.13.61

图: 圣约翰学院, 上有多彩多姿、丰富的天际曲线, 下有飘逸、姿态横生的小船。

像狄拉克这样融建筑风格于数学之诗的自然哲学家, 这样的校舍建筑估计会启发他联想到上帝的量子力学世界, 那也是一栋非常精致的大厦, 它的基石是几个基本物理常数。

余工的符合透视基本规律的线条营构的是光与影, 是虚幻和空灵, 既清明又沉着, 飘而不浮, 非常适宜表达剑桥的自然哲学, 包括追问宇宙起源的时间以及谁创造了物质?

图: 剑桥一条街。余工把剑桥大学追求宇宙学的传统精神通过稀疏、节约的不多几条线便隐隐约约、即兴地吟唱了出来。

剑桥的狄拉克是"胆大色大"。在"宇宙学和引力常数"这篇讲演中他居然谈论宇宙年龄、整个宇宙质量。

他说, 我们有一条普遍的原理: 自然界中出现的没有量纲的非常大的数是彼此相关的!

校园的屋是有年龄和质量的。宇宙的结构或构造既是建筑, 为上帝所设计、所造, 它也有年龄和总质量问题。——这是"人的逻辑"(The Human Logic)。该逻辑高于一切, 也统摄一切。

Building Cambridge
Trumpington st.
2012.3.27.

剑桥·达尔文·21世纪新达尔文主义

达尔文（1809—1882）同剑桥联系在一起，恰如牛顿同这座大学的关系。——我国古人早已有了这句成语：

人杰地灵

这是一种人类文明现象，东西方都出现过，并将再现，这决非偶然，有其必然性。当然，它很复杂，没有绝对的因果关系。不能说，凡是进了剑桥的，毕业出来，人杰便有了绝对保证。——不，不见得！剑桥的庸才也大有人在。

8岁的达尔文活泼好动，喜爱户外生活，经常爬树探巢，摸取鸟蛋，但每个巢只取一个蛋！

这个细节很重要。我家乡民间有句谚语：

七岁看大，八岁看老。

有几本传记记载，少年达尔文心怀仁慈，常有恻隐之心，不忍亲手残害生物。

我国古诗有这样两句："劝君莫打三春鸟，子在巢中望母归。"

打猎是当年英国的传统。当达尔文看到一头怀孕的母鹿，他会扣动扳机吗？——这是判别人心善与恶的法则（Law）。如果越过了界限，射杀怀孕的母鹿，我便可以下判断：

1. 此人日后不会成为进化论创始人；

2. 剑桥大学不应取录该生。因为在剑桥上空有面无形的旗帜，上面写了一句有关"世界哲学"（World-Philosophy）格言大训：

"以宇宙万物为友，人间哀乐为怀。"

其实中国哲学的"四文"或"四道"中的"人文"或"人道"的核心正是这句格言。不过根据我的判断和评价，剑桥旗帜上所写的无形四环节，"人文"或"人道"较弱，较模糊，同其他三个环节有点不相称。

在日后达尔文的学说和今天21世纪的新达尔文主义中，"人文"或"人道"是个核心、焦点。

1826年，17岁的达尔文去山地打猎，由于射击准确，猎获鸟兽很多，对鸟类作了精确记述。

今天，全球物种灭绝加速，若是达尔文还活着，只有三十岁，他还会举起不义的猎枪吗？——这是一个很尖锐的提问。

这年他还阅读了祖父有关医学生物学的著作《生物规律学，或动物规律学》，共4卷。当时他非常迷恋"规律学"这个术语。后来他的一生道路表明，他的生命本质恰恰在于对生物世界规律或法则的着迷。一个人沉醉、狂迷什么，你的本质便是什么。

1827年18岁的达尔文采集、观察海洋动物，包括海生蜗牛、贝壳、海螺及其卵……后来，他是否泡过剑桥咖啡屋，是否注意到螺旋或楼梯？

1827年10月15日，18岁的达尔文被剑桥大学录取，同哥哥一起租住在悉尼街烟草商人家的楼上。

他在基督学院对昆虫感兴趣，并捕捉，分类制成标本。圣约翰学院的人担任达尔文的导师，指导他学习数学和古典文学。19岁秋日，达尔文迁进基督学院学生宿舍，住在第一院南部二楼一间单人房。

这时的达尔文爱骑马，听德奥古典音乐（特别是莫扎特和贝多芬），也去教堂听唱诗班的赞美诗。21—22岁的达尔文在剑桥基督学院对下列书籍感兴趣：

《欧几里得几何学》《基督教教义证验论》《自然神论》，以及著名天文学家赫歇耳（1792—1871）的《自然哲学研究入门》，还有德国杰出的自然科学家、旅行家洪堡（1769—1859）的《南美旅行记》等。

精读这四本著作有力塑造了22岁达尔文的世界观。——这是剑桥大学整个氛围和大气候（包括校舍建筑）培养、熏陶的结果。

几何学表征了"人类逻辑"（Haman Logic）。没有它，怎能创建进化论？21世纪的新达尔文主义仍然受逻辑支配。任何主义，一旦它同逻辑发生矛盾，它便没有立脚之地！——剑桥大学推崇数学，而逻辑却是数学的基础。

关于教义那本书，其实一百多年进化论同基督教教义有着千丝万缕的联系。达尔文心目中的上帝是"基督教的上帝"（The Christian God）吗？那么，剑桥有那么多大小教堂，剑桥大学所认定的上帝是单纯的基督教的上帝吗？

所有这些追问或拷问的实质均属于"哲学神学"（The Philosophical Theology）。

如果要个回答，那么，上帝的定义便是"敬天爱人"这四个汉字。——这也是拯救21世纪重重危机的一剂良药。这是治本。

关于赫歇尔的《自然哲学》，涉及智慧。智慧有别于知识。达尔文一生追求两个层级：先知识，后智慧。

洪堡的《南美旅行记》鼓励达尔文去扬帆远航，考察全球的生物世界。没有这次考察，便没有进化论。

剑桥校训在达尔文身上有典型体现："此地乃启蒙之所，智慧之源。"

在剑桥，他总共攻读了三年，最后他还熟悉了古代岩层的地质和化石，懂得怎样去采集岩石标本、寻找化石和绘制地质图，为日后建立进化论打下了坚实基础。所有这些都是母校大环境、大气候给予的。不过一切都要靠自己去领悟。

22岁的达尔文写下了这样一句志气之言：

"热烈渴望，对呈高贵建筑式样的自然科学之宫殿，尽力作出自己一份最微薄的贡献！"

请读者注意，达尔文意识到用建筑结构去描述、刻画自然科学大厦。事实上，生物世界的一切（从小到大，从植物到动物）均呈建筑结构。

"大自然—上帝"（The Nature-God）才是最伟大的结构大师。——在日后的研究中，达尔文一再发出这种惊讶和赞叹。

1831年12月，22岁毕业于剑桥的达尔文即将乘船去南美考察。3日，他写信给导师亨斯罗教授："我在学校获得的快乐和知识，大部分是您老师恩赐的。"

同年12月17日在考察船上他写日记："如果能够达到考察世界的愿望，那是一个多么珍贵、卓越的机会呀！"

从一百八十一年之后的今天来看，达尔文扬帆起航去考察，决不是远离"造物主—上帝"或"大自然—上帝"（The Nature-God），而是走近它，即去发现大自然秩序（The Nature-Order）。——这才符合剑桥大学精神。

这精神是舵，达尔文的好奇心、热情和执着是帆。

* * *

1879年70岁的达尔文名声已远播文明世界。这年有位德国大学生来信，请达尔文答复有关对宗教的看法。

达尔文显得有些尴尬，让家属代笔作答：

"进化论同信仰上帝并不冲突；请记住：各人对上帝的意义有不同解释。"

德国大学生不满意代笔回答，再次来信。达尔文只好亲笔回复：

"我十分忙碌，又年迈多病，无暇考虑详细答复您的问题，而且也不能答复这类问题。科学同基督毫无关系……我本人丝毫不相信神的启示……"

在回答宗教问题专家福代斯的信中，达尔文说："我的个人立场是什么？——这个问题，除了我自己以外，对任何人都没有意义……我的立场时常动摇不定……在我极度彷徨的心理中，我从来就不是一个否定上帝存在的无神论者。"

福代斯表示，达尔文说他的宗教观是自己的"私事"，因此常常是避而不谈。他只承认自己对宗教是个"不可知论者"，但又不是一个"无神论者"。

可见，达尔文碰到这个问题显得十分窘迫，困惑，难倒了这位在生物王国勇于探索者。因为上帝（造物主）是说不清的。能说清楚的，便不是上帝。

"Is there a God？"（上帝是否存在）不过，你所说的上帝是什么？有关它的定义是什么？若是某人去赌场，祈祷上帝保佑他大赚一笔，这样的上帝是没有的！这是迷信，不是智信。

大自然的生物多样性，究竟是谁设计和建造的？

小草、大树以及动物的组织，均呈建筑结构，这只能是上帝造。因为每栋屋都为人造。太阳系也呈建筑结构。达尔文很难把上帝说清楚。像他这样一位有着丰富内外阅历的大自然哲学家，自有他所"感知的上帝"（Perceiving God）。

有关宗教或上帝的思想，1880年10月13日71岁的达尔文在一封致友人的信中强调了"思想的自由"。——这正是他的母校剑桥大学所提倡的。

1882年73岁的达尔文在4月18日这天昏迷不醒，19日凌晨苏醒，说："我一点也不怕死！"

这便是中国古人的智慧格言："知死必勇。"

这天下午，达尔文逝世。他知道，所有的生物有生必有死。这是法则或定律（Law），也是秩序（Order）。人若不死是反秩序的。

Law and Order正是母校剑桥大学所敬畏的上帝。

达尔文去世后，遗体被安葬在威斯敏斯特大教堂。——这是国家给予的最高荣誉。在牛顿的坟墓附近有四位剑桥人：

达尔文、J.J.汤姆孙（1856—1940）和开尔文勋爵，即W.Thomson，剑桥数学家和物理学家，1824—1907，以及卢瑟福。

牛顿墓旁还有法拉第和天文学家赫歇耳的长眠之地。

在死亡面前，人人平等。绝对的平等，或平等的绝对，这才是上帝的显现或上帝制定的Law and Order。

* * *

2009年是达尔文诞辰200周年。人们要对进化论作些回顾，把"新达尔文主义"推向新阶段。它的英文术语叫：

Neo-Darwinism。Neo这个前缀在西方学术界成了一种思潮，一种时尚。比如：Neo-Classical Theory（新古典理论）；Neo-Confucianism（新儒家）；Neo-Hegelianism（新黑格尔主义）；Neo-Kantianism（新康德主义）；Neo-Evolutionism（新进化论）……

Neo代表了"与时俱进"；表明在原来的里面珍藏着有价值的内核，必须保留。由于时代向前推进了，须对旧的、原有的作些修正，继续前进。——人类文明（包括科学、艺术和哲学，以及技术工程）之旅正是这样进步的。

图: 当年的剑桥大学基督学院, 庭院后面是达尔文的学生宿舍房间。

达尔文是从剑桥校园(包括宿舍建筑、图书馆和教堂)走出来, 走向世界的。著名大学建筑空间凝集了一个国家、民族的精神。建筑是该精神的载体。它收容、接纳和安顿了这种用肉眼看不见的精神。

高等学府的建筑理应有"四文"或"四道"精神弥漫, 故有种神性。——那是真正的存在, 是深层的、隐蔽的存在。它不为肉眼显现。

我国北大、清华、复旦、南开⋯⋯建筑(包括校门)有种神性吗? 这是余工和我关心的。

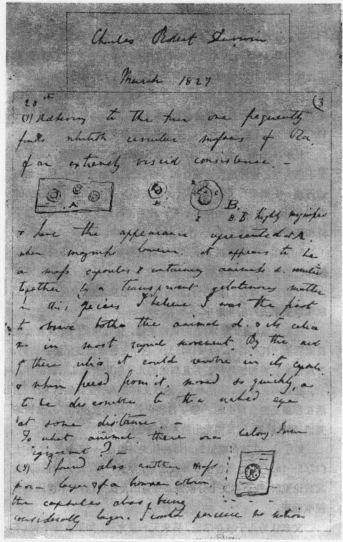

图: 1827年18岁的达尔文在爱丁堡大学时期留存下来的笔记本第3页。

他在这年3月28日, 记述了一种海蛭卵的性状。这时, 他惊叹过"造物主—上帝"(The Creator-God)的神手圣功吗?

日后, 从南美考察归来, 他惊讶过生物的多样性吗? 而惊讶正是自然哲学的起源。他相信万物是由教堂里的那个上帝创造的吗?

那么, 生物多样性的设计和创造究竟是出自谁之手? 今天21世纪的我们能回答吗? 这便是新达尔文主义。

图: 余工笔尖下的贡维尔和凯斯学院教堂。达尔文常去教堂欣赏唱诗班的合唱。

当他打开《圣经》,读到"要生养众多,遍满地面,治理这地,也要管理海里的鱼,空中的鸟和地上各样行动的活物。"这时,剑桥大学生,正在形成世界观的达尔文在想什么?

他赞同《圣经·旧约·创世纪》的这段话吗?人同万物的关系是什么?人是其它物种的主人吗?在生物进化的千百万年过程中,人扮演了什么角色?在自然界,有善恶吗?狼吃羊是恶吗?人可以任意射杀野生动物吗?——这些拷问仍旧在纠缠21世纪的我们。

The chaschel Gonville & Caius College. Cambridge

图:马德林学院图书馆。剑桥大学每座学院都有属于自己的图书馆。印刷术是中国人的发明,但开花结果,普及开来,却是在西方。

没有图书馆,剑桥校训只是一句空话。

达尔文的成长离不开剑桥图书馆。那里弥漫着一种神性。达尔文立志,要为科学大厦添砖加瓦也是在图书馆吗?当教堂钟声从窗口传来,带着一种浩然正气,尽剑桥校园之内,无穷不充塞……

今天,这种富有诗意的正气,仍然从余工笔下的光影之中丝丝地透露出来……

余工的画有音乐,有音韵,有律动。

图: 余工在左下角写了四个汉字一句: "剑桥树影"。

他亲口对我说过, 他对奔驰、宝马不激动, 对剑桥的大小树有种酷爱, 因为有种神性缠绕着树的全身, 从树根到树梢, 接接天气, 通通地气。

达尔文对蚯蚓着迷。在他眼里, 那是上帝派到地上王国勤劳耕作的、不计报酬的"农夫"。达尔文高度评价这种看似非常低贱、丑陋的昆虫对人类文明重要的贡献。因为蚯蚓对地球土壤形成起到了不可替代的作用。蚯蚓的后面也许便是达尔文所敬畏的上帝。不过, 他说不清楚。

　　图: 潘布鲁克学院, 很古老, 建于1347年。达尔文在剑桥上学时肯定经过这门, 看到中世纪罗马风或哥特式窗。

　　他是否记起《圣经》中那个命题: 屋有人造, 大自然的处处建筑结构难道没有一双神手圣功营造吗?

　　上帝是位最伟大的、人用肉眼无法看到的结构师和建筑师吗? 达尔文也说不准。上帝是人类语言之外的存在。你以为21世纪的人类能说清设计、创造生物多样性是谁吗?

　　明知无法讲清楚, 又企图说说清楚, 便是21世纪的新达尔文主义。

图: 长26米、重15吨的梁龙全靠柱子般粗壮的四条腿来支撑。这自然界的庞大建筑物的设计师和制作者只能是"大自然—上帝"。达尔文从青少年时代便偏爱欧氏几何学和逻辑学,这会让他联想起《圣经》中那个有关建筑的命题:

屋有人造,自然界更宏伟、壮丽的建筑物也必有说不清的神造。

达尔文感知到有上帝存在,他是个有神论者,但也说不太清神究竟是什么?

Neo这个前缀是个决不守旧,决不固步自封,代表永远开拓和向前的符号。

它理应写在剑桥大学那面无形的、迎风招展的旗帜上。剑桥理应成为许多个Neo的源头或策源地。

DNA分子生物学、新的化石、干细胞等科学发现不断如雨后春笋般,推陈出新。它们既脱胎于达尔文进化论,又反过来推动它向前发展……

"所有生物都有一个共同的祖先。"——达尔文这个自然哲学观点今天已成为新达尔文主义无可争辩的事实。

至于要追问是谁作出了这样的设计、安排,总编剧和总导演是谁? 达尔文在暗地里猜想有个至高无上的神。因为他说过,他不是个无神论者。

不过每次当他谈起God的时候,总是吞吞吐吐,仿佛有难言之隐。

图: 从结构力学看梁龙的四条腿,
会使我们联想起古希腊、罗马建筑
的柱式。——这是人类逻辑的推理。
达尔文是化石专家。他从动物化石
结构推出有上帝存在是符合逻辑的。
　追寻"哲学的上帝"是他的母校
最高精神。

地球生物世界的不变量DNA的发现与剑桥

——上帝的身影

DNA虽然不是上帝本人，却是它的一个指头的影子。

——2012年淮海中路Citta咖啡屋二楼

当我走上咖啡屋楼梯的时候，我意识到它大致上也呈S螺旋结构状，尽管不如余工画中剑桥的凸显。全世界的楼梯几乎都呈螺旋曲线，估计原因有两个：

节省空间；人性偏爱螺旋曲线，因为人的遗传基因DNA里头便是双螺旋结构。

克里克（F. Crick）和沃桑（J.D.Watson）在剑桥大学卡文迪什实验室头一回见面具有历史意义。它意味着生物学史上一座里程碑将要在剑桥奠定，从此人类即将步入DNA时代。

沃桑是到剑桥来留学的美国人。（1951年—1953年为卡文迪什实验室的研究生）他结识了正在剑桥从事研究的英国人克里克，俩人志同道合，即企图揭示基因的结构。于是开始密切合作。在不到两年的时间，他们否定了脱氧核糖核酸的单螺旋模型和三螺旋模型，提出了双螺旋分子结构。

在他们的想象中，脱氧核糖核酸分子——这种遗传物质——很像是一个很长很长盘旋上升的螺旋状楼梯。

克里克和沃桑把他们的发现——承载基因的DNA分子的物理化学结构——发表在英国最著名的《Nature》（自然）杂志1953年4月23日这一期。1962年他们同威尔金斯共同荣获诺贝尔生理学及医学奖。

DNA双螺旋结构的发现是20世纪最伟大的科学成就之一。它是生物世界的一个不变量。半个世纪过去了。事实表明，它在数不清的领域有着惊人的应用！——这是剑桥大学精神对人类文明之旅又一项决定性贡献。是的，DNA是从剑桥走出来，走向世界，震惊世界的！

图: 剑桥一餐厅。余工和我关注的, 不是吊灯, 以及靠背沙发椅和桌上的玻璃杯, 而是后面盘旋上升的楼梯。

剑桥的屋内偏爱使用这个符号。当年 (1951—1953 年) 克里克和沃桑在咖啡屋神聊, 这个建筑构件符号是否在无意中潜入了他们的下意识, 成了一种暗示、隐喻?

后来 (1953 年), 他们发现的DNA结构模型显得很像是由两条相互缠绕在一起的、盘旋上升的双螺旋楼梯。

余工对这种楼梯感兴趣, 画了多幅, 这张建筑写生创作于2012年3月3日。(见右下角)

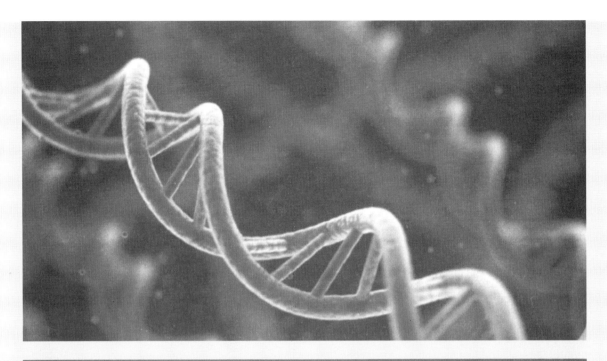

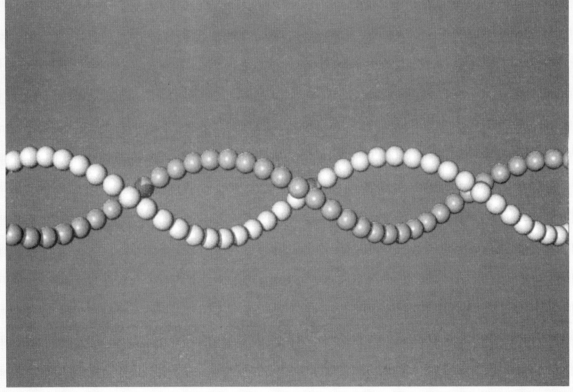

图：1953年，英国剑桥大学的沃森、克里克发现了DNA双螺旋结构。要知道，人的DNA便是双链！

后来，克里克在回忆中说："沃森和我没有发明这个结构，它就在那里，等着人们去发现。"

克里克所说的"它就在那里"这一句是意味深长的，宛如剑桥咖啡屋的古老螺旋楼梯（双链）就在那里。当克里克和沃森落座在咖啡屋神聊的时候，楼梯的结构是否暗中潜入了他们的下意识，作了点暗示或启发？至少进入了他们大脑的信息库。

科学观念的形成常常以图形（立象）的方式，而不是普通语言文字。图形比语言更基本吗？图形是符号。

余工的手绘建筑也是符号，所以是主角。我的文字仅仅是配角。

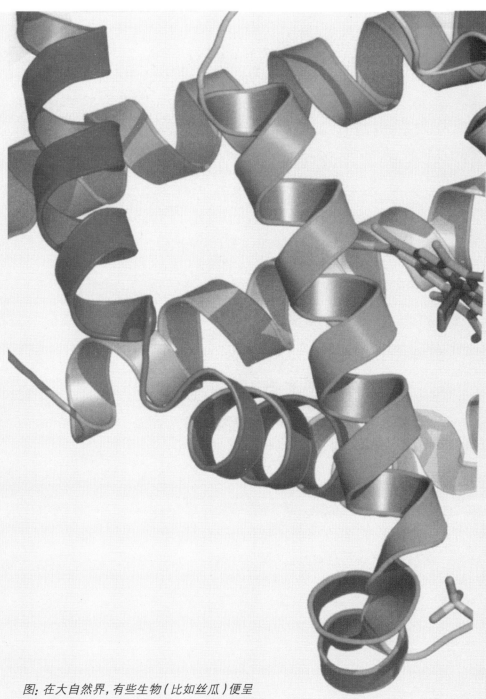

图: 在大自然界, 有些生物 (比如丝瓜) 便呈
螺旋曲线状。2012年8月底的一天, 我在我居
住的小区小园林仔细 (零距离) 观察过丝瓜。
丝者, 螺旋曲线也。

现在要问: 上帝在剑桥教堂里现身多, 还是
更多地在丝瓜里现身?

我的回答是后者。当然, 教堂里的上帝更偏
重人间的道德律, 即"己所不欲, 勿施于人。"

两处的上帝相加才是剑桥大学所追寻的上
帝, 即哲学的上帝。这才是全人类的幸福所在。

或者换言之是"必须"与"应该"相加构成一
个黄金十字架。

人开始走近造物主的工作密室,从窗口看到了它创造生物世界的一张图纸……

进入21世纪,在众多个应用领域,有一个是有关人类基因的研究,即通过对人类进化树上基因资料的研究,揭开有关人类起源的某些秘密。这样,新达尔文主义便有了坚实的基础。

最新发掘出的遗址、最新出土的化石和最新的DNA分析等来自各方面的发现大大拓展、深化了原先的进化论。如果躺在威斯敏斯特大教堂墓穴中的达尔文有知,他会霍地爬起来说:

"上帝啊,让我再活60年,去解开生命最后的密码!"

最近研究表明,人的智力和基因有很大关系。基因对人类智力的贡献"度"高达50%!(这里又在用数字——in Number说事)

人类智力是人类在几十万年进化的一个惊人成果。人类智力有其基因基础。它不是单个基因发生变异产生的结果,而是许多基因的共同影响。

那么,人的智力有没有极限?

这一追问也属于新达尔文主义范畴吗?

我想是的。

我想起毕业于剑桥的20世纪杰出哲学家、数学家罗素有本著作叫《人类知识:它的范围和极限》(Human Knowlege:Its Scope and Limits)。

这是从哲学视角探索这个根本性问题。

那么,从科学角度呢? 1997年,全球52位智力研究专家举行了一次会议,给智力下了一个定义:

"智力是一种宽泛全面的能力,包括推理、计划、解决问题、抽象思维、理解复杂概念和从经验中学习等技能。"

"这样去定义的智力是可以测量的。智力测试是对其进行测量的有效手段。"

测量是用数字(in Number)说事。

于是,剑桥19世纪大科学家开尔文爵士那句格言大训又在我耳边回荡……

最近发表在英国著名《自然》杂志上有篇报告称,一份DNA的地图显示,栽培水稻起源于我国的珠江。今天的水稻已有数百个种类! 依据基因组的研究,可以推断第一种水稻是在大约8 200年前培育出来的。

分子生物学家还发现,地球上生物体共同的DNA——这个生物普遍世界的不变量——记载了远古大约30亿年前的事件! 这才是21世纪的"新童话":

"很久很久以前……"

人这个物种是永远也长不大的孩子。人偏爱构建"童话",也爱听"童话",特别是时间状语"很久很久以前……",声调拉得够长,把人的想象力带进"白日梦"样状态。

科学家输入现存的1 000种重要基因,通过数学模型,计算出它们是如何从远古演化而来的。

结果表明,生物的基因在33亿至28亿年前有过迅猛扩张。现存的基因家族中有27%是在这时期形成的。

这里又在用剑桥的数字(in Number)说事,讲21世纪的"童话"。

　　图：潘布鲁克学院小门斗，古色古香，属于建筑诗之词，采贵典雅，几个世纪相传，初阅不见其妙，深思才得变旧成新。——这才是新达尔文主义的精华，也是写在那面无形的、高高飘扬旗帜上的"Neo"这个前缀的内涵。

　　Neo使剑桥大学精神朝气蓬勃，与时俱进，经历几百年，古今自有一种不可磨灭的浩然之气！

　　DNA分子生物学成了新达尔文主义的全新基础。开尔文爵士教导、启示我们，要努力用数字（in Number）说事，当我们走过小门斗，闻有钟声传来，应记起剑桥先辈们的箴言……格言大训不是知识，是智慧。会过时的，就不是智慧。剑桥多智慧。剑桥贵在智慧。

Cambridge.
Pembroke
college. 小门斗
风 2012.3.18

西方著名经济学家凯恩斯

凯恩斯（J.M.Keynes,1883—1946），就学于英国剑桥大学王家（国王）学院。

在剑桥校训和大学精神（包括校园建筑场域）氛围中成长起来的凯恩斯，曾经一度在英国印度事务部任职。

由恩师马歇尔的邀请，他返回剑桥大学，讲授货币理论和金融理论长达二十年之久！

自1911年起，他兼任《经济学》杂志主编。有人评论他是20世纪最有创造力的经济学家。

在他的20多部著作中，《就业、利息及货币通论》是最有代表性的。"通论"的原文为The General Theory。凯恩斯自己对它有这样的解释：

历来的经济学都是以充分就业的经济作为研究对象，而他的对象则是既包括充分就业的经济又容纳不充分就业经济的总结构，所以称之为《通论》。

凯恩斯精通数学，特别在概率论方面颇有贡献。文革前夕我在书店买到G.T.Kneebone编写的《Mathematical Logic and the Foundations of Mathematics》（数学逻辑与数学基础），1963年英文版。书中提到了凯恩斯的论著《论概率论》，1921年。从中我可以得出两点：

1. 凯恩斯是西方现代经济学家有深厚数学功底和背景的人。

2. 剑桥大学推崇、敬畏数学。凯恩斯则把数学精神引进了经济学领域。这里又响起了开尔文爵士的名言：

用数字（in Number）说事。

若是不出现数字，我能相信你所讲的经济学吗？一个不懂微积分和微分方程的人，能是经济学家吗？

凯恩斯的经济理论有剑桥大学精神。

罗素与剑桥

罗　素（B.Russell,1872—1970），活了98岁，英国著名数学家、逻辑学家和哲学家。1890—1895年他在剑桥三一学院攻读数学和哲学。1950年荣获诺贝尔文学奖。理由是：

他的许多意义重大的作品捍卫了人道主义理想和思想自由的多样性。

这不正是剑桥大学的精神吗？

罗素波澜壮阔的一生不愧为是从剑桥走出来，震惊20世纪的大思想家。他的多彩多姿、深刻的一生是对剑桥大学精神一段最好、最生动的注脚。

诺贝尔基金会没有设数学或哲学奖，只好给他文学奖，表彰他七十多部著作，丰富了人类的精神生活。

在荣获诺贝尔文学奖之前，罗素从未写过小说。获奖后，他竟开始写起小说来。他的第一部小说于1951年匿名发表，并悬赏猜测作者是谁，结果无一人猜中。因为谁也想不到，这位年近八十、负有世界声誉的数学家和哲学家还会有写小说的雅兴！

这便是剑桥大学精神吧？

剑桥校园典丽、厚重和高洁的建筑场域，碧绿的草坪，日光映之，媚语摄魂，参与营构了18岁至23岁罗素的气质和胸怀。——这是不用怀疑的。大学造就的格调贯穿了罗素的一生。

晚年，罗素出版了三大卷《自传》。他是一个非常坦诚、思接千载和视野宽广的自由思想家。他的劈头盖脑一句便自白了一生点燃起熊熊生命之火（The Fire of Life）的动机：

"对爱情的渴望，对知识的追求，对人类苦难不可遏制的同情心，这三种单纯但无比强烈的激情支配了我一生。"

他说的是实话。

在他的墓碑，把他的这段坦率自白写上了吗？

罗素结过多次婚。——这同他的三一学院老校友、老前辈牛顿是截然地不同！

大学者同女人的关系没有统一的模式。爱因斯坦便是一个拈花惹草的男人。康德打了一辈子光棍。不过他给婚姻下了一个与众不同的定义：

婚姻是男女双方生殖器官合法的相互利用。

若从"Law and Order"（法律和秩序）观点去看，这个定义是一针见血的。

当代著名理论物理学家和天文学家霍金

霍金（S.Hawking，1942—），英国人。早年酷爱数学。20岁进剑桥大学攻读数学。

21岁被确诊患有罕见的、不可治愈的运动神经性疾病，即肌肉萎缩性脊髓侧索硬化（ALS）。

1963年医生说他只能活两年半。他曾一度对人生十分厌倦。在医院里，霍金说：

"反正就是一死，我不如做些像样的有益的事情。"

于是他干出了一番大事。司马迁有言：

"知死必勇。"

这句格言大训在剑桥的霍金身上体现得最英勇、悲壮、壮丽！

他证明了他的老校友、老前辈伟大诗人弥尔顿所言：

"头脑是他自己的住所；他在其中可营造地狱的天堂，也可以制造天堂的地狱。"

霍金的躯体是残疾的，孱弱得只能坐轮椅，但他的头脑却是伟大的。他在自己的头脑里营造了"地狱的天堂"。

他说过："幸亏我选择了理论物理学，因为研究它用头脑足矣！"

他的前辈爱因斯坦也说过，他的研究只需用到三样东西：笔、纸和字纸篓。

1979年，37岁的霍金为"应用数学和理论物理系"卢卡斯（Lucas）讲座教授。——这是牛顿主持过的！

他的研究范围很广，包括宇宙起源（大爆炸）、历史和将来；黑洞；量子力学和统一场论，即企图把量子力学和爱因斯坦的广义相对论统一起来。故科学界有人称他是"爱因斯坦继承人"。

霍金心中的最高目标是揭示"那些管理宇宙的基本定律"（The Basic Laws that Govern the Universe），促使科学同上帝面对面地相对（Science and God Come face to face）。

有人当面问过："霍金教授，您信奉上帝吗？"

这使霍金很尴尬。他的妻子是位虔诚的宗教徒。夫妻分居的部分原因是宗教信仰的分歧。

霍金在科学上取得的重大成就再次使我想起那句箴言：

上帝在这里关了一扇门，却在别处开了一扇窗。

＊　＊　＊

霍金焦虑当代人类及其文明的前途和命运。近年来他发表了两种观点：

1. 地球之外甚至有智慧生命。人类最好不要跟外星人接触，以免被征服，就像当年哥伦布对待美洲土著。（不过我认为今天很难肯定接触是祸还是福？）

2. 他警告说，人类在未来两个世纪内还不能移民太空，搬往别的星球，就会永远灭绝。

我认为这个建议有两点不妥：

第一，地球是条船，船舱出现大洞，大家便弃船大逃亡。这样，人对地球——我们的母亲的态度便是破罐子破摔，极不负责，忘恩负义，不符合天地良心。这样，地球会加速崩溃，下沉。

第二，地球100亿人，谁先逃？

争先恐后，就是意味着一场混战。我声明，我不逃。我生是地球人，死是地球鬼。

当代人类最要紧的是改变生活方式，修补船舱漏洞，亡羊补牢，还来得及，但时间已不多。

拯救人类及其文明更多的是需要哲学智慧，而不是知识。近三四百年，剑桥大学贡献了一大堆知识加上智慧，这一回能否再立新功？

犯罪学家法林顿

　　法林顿（D.P.Farrington,1944—），早年就读于剑桥大学。1969年起,25岁的法林顿在剑桥大学犯罪学研究所工作。从1990年起任英国犯罪学协会主席。

　　2012年秋,我开始伏案握笔撰写酝酿了多年的课题《动物为什么不犯罪?——犯罪学的哲学》。在阅读参考文献中,我注意到了"剑桥大学犯罪学研究所。"如果我今年只有35岁,我便力争去该研究所做半年的访问学者,并同法林顿教授落座在咖啡屋神聊。

　　他写过多部著作,如:1.《谁会变成少年犯罪人?》2.《理解和控制犯罪》(Understanding and Controlling Crime)。不错,先理解,再去控制。马克思有言:哲学的首要任务不是解释世界,而是改变世界。(彻底消灭犯罪世界是办不到的,但可以把它压缩到最小最小。——这才是21世纪犯罪学家的最崇高使命,也是剑桥大学追寻的智慧一个组成部分。核战争和生物化学武器便是最大犯罪)

　　在剑桥校园有个"犯罪学研究所"相当于一颗蓝宝石镶嵌在一根金项链上。它会使剑桥的"天道地道人道神道"四重结构变得完善起来,"人道"这个环节得到了加强。

　　我试图把21世纪的犯罪学放在分子生物学（脑科学）的基础上来审视、观照。

　　还是在剑桥校园上空有面无形的、高高飘扬的旗帜,上面写了一句最高智慧箴言:

　　人啊,认识你自己!

　　犯罪学(Criminology)便是人要照的一面镜子。这是我撰写这部书稿的动机。

　　图: 剑桥这座只有11万居民的小城, 以安宁为特色。
　　车子限速20英里, 余工特意把它标记出来, 并在左下角写上了"剑桥限速20"。
　　人类文明社会时时处处都有法律、法规、法则在运作。违反了, 便是犯罪。罪有大小等级之分。当 "Law and Order"（法律和秩序）宣布开始之日, 便是人类文明拉开帷幕之时。
　　交通规则是法律的一个组成部分。谁也不能酒后驾车。"剑桥大学犯罪研究所" 在探讨 "Law and Order" 这个最低框架之下的犯罪。其最高框架为天道、地道的 "Law and Order", 即 "宇宙规律和宇宙秩序"。在太空, 宇宙交通事故便是行星碰撞, 比如彗星撞击地球。

"罗马俱乐部"与"剑桥咖啡屋"

——我的期望

1968年4月，罗马俱乐部在意大利成立。

1978年我调入中国社会科学院哲学研究所工作。不久，我便开始接触、阅读该俱乐部的一系列学术《报告》，特别是《增长的极限》和《人类的转折点》，以及《一个更好世界秩序的宗教基础》(A Religious Basis of a Better World Order)。

这些一册子具有当代世界眼光，影响很大。"可持续发展"这个概念便是该俱乐部提出来的。

我想起剑桥大学咖啡屋。那里的宇宙咖啡闲吟客理应成立一个松散的学术团体，把神聊的内容记录下来，集结成一本本书。类似《一个更好世界秩序的宗教基础》应是打头第一本。

剑桥应引领世界获得这样的世界宗教：

自然律（必须）与道德律（应该）的交叉。

在全球化的今天，剑桥咖啡屋理应成为人类21世纪的思想库之一，引领世界走出困境。——这需要智慧，而不是知识。

人类不缺知识，只缺人生智慧。——中国农耕文明时期讲究人生哲学的书院精神有值得借鉴的地方，这是没有料到的！这便是"否定之否定，才是真正的肯定。"

我们所处的世纪是这样一个荒诞的时代：

核子的巨人，道德的侏儒。我们精通战争，善于造各种枪炮子弹远胜于求得世界和平。我们对相互残杀得心应手，却不善于和平共处，我活，也让你活，大家都活在这个小小的星球上。

2012年冬，我高兴地看到剑桥大学将成立关心人类命运的研究中心，担心高科技的进步有一天会毁灭人类自身。该中心主要研究人类面临的四大威胁：气候变化、核战、劣等生物技术和人工智能。

剑桥大学哲学教授普赖斯是三人小组之一。他们企图把哲学、天文学、生物学、机器人学、神经系统学和经济学合在一起，研究人类如何避免自身的灭毁。我以为这才是剑桥咖啡屋的思考和焦虑。剑桥应牵个头。

请读者莫误会

列举了那么多的剑桥人杰。

请别误会,以为谁踏进了那里的校门,走出来,若不是诺贝尔奖获得者,也是个杰出哲学家、诗人、剧作家、大教授。其实不然。

好几百年,剑桥的混混或平庸之辈不仅大有人在,而且是大多数。人类社会成员永远是个"金字塔"形,下面大,上面小。若是一个倒"金字塔",怎能稳当、成立? 宽大、厚厚的底层,营构了塔尖。

从二、三流大学走出了伟人,震惊世界的,还少吗?

我承认,从剑桥、牛津和哈佛大学会走出较多的照亮人类文明之旅的明星。不过归根到底要看自己。大学不是决定性的。

图: 余工的线条营构了剑桥一条街景。

他的绘画语言符号系统同剑桥校园内的建筑关系促使我得出了以下艺术哲学命题:

1. 不是手绘语言符号依照建筑世界,而是建筑世界依照手绘语言符号;

2. 不是建筑世界规定了手绘语言符号,而是手绘语言符号规定了建筑世界。

得出这两个违反常识的命题令我吃惊! 由此可见作为绘画艺术一个分支的手绘之诗的魅力。要知道,哲学原本就是常识的反面。

再先进的数码相机的效果也无法让我得出上述命题。

the great. Mary church 余恕工写生.
Cambridge 于 剑桥 2014年记

图: 画家笔下剑桥又一座教堂。

在这里，教堂是线条编织的光与影中的存在。——艺术的存在比现实
世界的存在还要真实，也更为迷人。因为诗比真实更叫人沉醉。从手绘
中，我仿佛听到了钟声。

剑桥大学精神恰恰存在于绘画语言符号触及现实的本质处。

手绘的语法用无声的语言道出了剑桥的校训，这是余工的成就。如果
你没有听出校训，那是你自身的修养单薄和欠缺造成的。

图: 剑桥的街景。

当代西方艺术哲学经常研讨"论确实性"(On Certainty)这个课题。余工手绘剑桥建筑给了我这样的启示:

确实性存在于艺术语言符号的本质中; 或者说,绘画艺术世界是一种动态的平衡。

世界哲学(WORLD PHIL OSOPHY)的最高目标是建立一堵叫普通日常语言止步于其前的高墙。

追寻世界哲学或宇宙之诗是剑桥大学心目中的"道者——天地人神之通理。"

这个命题是最高的概括。

图: 剑桥最著名的圣玛丽教堂, 1478年重建。

在远处路边是个电话亭。

余工被古老教堂与现代化的电话亭这个建筑符号的强烈对比而触动, 最后完成了这幅建筑写生。

不过今天的剑桥人还会用电话亭吗? 它被手机排挤掉了! 剑桥对一百多年来自然科学的进步作出了多少贡献啊! 科技有阶梯进步性, 艺术有吗?

教堂里有上帝吗? 上帝在教堂里, 还是在自然界? 教堂里的上帝同自然界的上帝并不矛盾吧? 前者讲人间道德, 讲爱; 后者讲宇宙(世界)秩序。两者都要。

后 记

　　我国希望在2049年国庆一百周年之日，成为世界头号技术强国。为实现这一目标，我们要有新措施，包括建立更多的世界一流科研机构和一流大学。这样，西方十座著名大学便成了我们的借鉴。——这叫"见贤思齐"。

　　从一开始，余工同我合作这部书稿的动机便很明确。定位或面向四个读者群：

　　1. 我国教育界人士。大学在经费允许的范围，应注重校舍建筑艺术的音韵和典雅律动。一座优秀的建筑对学生的启示可以顶得上多位名教授的作用。

　　2. 有志向去英国剑桥留学的年青人。

　　3. 我国各艺术院校（包括戏剧学院、服装设计、室内装饰、空间设计、舞蹈学院、工艺美术学院和音乐学院……）的学生可以把这本书作为课外参考教材。

　　4. 广大科学、艺术和哲学爱好者。

　　2012年8月初，我在庐山手绘建筑艺术特训营讲课。课外，我同一群学员交谈。

　　我问到一位来自北师大历史系的女生。她读的系令我大惊。

　　"你为什么来这里？"

　　"学会用手画上几笔，即便是简简单单的几笔，也有助于提高一个人的整体素质。业余手绘建筑艺术水平、业余弹点钢琴是同样的重要，都是为艺术而艺术，为人生而人生。"

　　的确，今天人人用电脑，用数码，但不是人人能用笔在纸上画。写生，动笔，是本根。人，不可离开本根而生存。

　　"为了练习，我们每天要画12张，"历史系的女生补充对我说。

　　"如果我今年20岁，我也报名参加特训营！没有什么功利目的，仅仅是为艺术而艺术，为人生而人生，"我回答。

　　生命对于余工和我，都有一种难言的、根本性的痛苦。于是他用画笔，我通过方块汉字进行自我精神治疗。名利和地位毕竟是次要的。

　　古人有句谚语："一物能狂便少年。"

　　所狂之物，因人而异。今人有为麻将而狂者，说：麻将能治百病。余工和我都同麻将不沾边。

　　我们有我们的狂。

2012年深秋，

赵鑫珊

附录

图: 庐山国际水彩艺术节由余工发起、创办。

这是余工在2010年第三届水彩艺术节闭幕式上致辞的情景。

图: 余工一手创办了庐山手绘建筑艺术特训营。

这是钢架结构授课大厅。2011年和2012年8月,我曾先后两次在大厅内面对3 500名和4 500名年轻学员讲课。题目分别是《艺术与人生》;《哲学是舵,艺术是帆》。今天,余工旅居伦敦,努力把剑桥大学精神引进特训营,并同庄子哲学"判天地之美,析万物之理"合而为一,提升特训营的视界和素质。

图: 特训营学员在建筑写生间隙由导师点评。所有的教学程序和规则均由余工创建、确立。今天,剑桥大学精神对余工的教育思想又是一大促进,输入了新鲜血液。

图: 庐山街头男女学员相互切磋。余工计划把一批优秀学生送去英国和法国深造。他是有世界眼光的艺术家。何况他有财力支撑他的计划实施。

图: 男女学员席地而坐, 从事建筑写生, 时2010年。

一切大艺术家都有穿开裆裤、站在巷口流鼻涕的时候。

剑桥的伟人们在起步的日子也是跌跌撞撞的。今天的余工决心把剑桥、牛津和巴黎大学的崇高精神引进庐山手绘建筑特训营, 为培养我国一批世界顶尖的空间设计人才而努力。这是他今天旅居伦敦的动机之一。他常常抽空回国, 给学员讲课。他永远走在追求的路上。艺术是不能一劳永逸握有的, 占有的。艺术只能被苦苦追求。这是现在进行式, 不是完成式。

图: 听导师讲评和每日两次讲评会。

手绘 (建筑写生) 水平日日有进步, 可望成为线条诗人, 咏怀之作, 可以陶性灵, 发幽思。言在耳目之内, 情寄八荒之表, 使人忘其鄙近, 自致远大, 人生一世, 夫复何求?!